城市声环境——诊断、预测与保护

都市の音環境——診断・予知・保全

〔日〕 久野和宏　野呂雄一　编著

〔日〕 大宮正昭　龍田建次
　　　吉久光一　岡田恭明　共著

于学华　赵振东　译

科　学　出　版　社

北　京

图字：01-2020-6990 号

内 容 简 介

　　本书从声环境诊断、声环境预测和声环境保护三方面全面论述了城市声环境的基础理论和工程应用。书中首先介绍了声环境相关技术，主要阐述了声环境噪声测量与评价方法，以及各种噪声的标准和法律法规，进而进行了噪声相关的社会调查和实测工作；其次系统阐述了环境噪声预测的各种方法；最后对各种声环境的保护进行了系统论述及展望。

　　本书日文版是日本学术界一部经典著作，对我国城市声环境保护有重大的借鉴价值。本书可作为高等院校机械工程、车辆工程、轨道交通、航空航天、环境工程等相关专业学生教学和工程技术人员培训的教材。

原　　著：都市の音環境～診断・予知・保全～

著者名：久野和宏・野呂雄一编著/大宫正昭・龍田建次・吉久光一・
岡田恭明共著

出版社：技報堂出版　发行年月日：2011 年 12 月

ISBN：978-4-7655-3451-2

图书在版编目（CIP）数据

　城市声环境：诊断、预测与保护/(日)久野和宏，(日)野吕雄一编著；
于学华，赵振东译. —北京：科学出版社，2021.11

　ISBN 978-7-03-068398-4

　Ⅰ.①城…　Ⅱ.①久…　②野…　③于…　④赵…　Ⅲ.①城市噪声-环境声学-教材　Ⅳ.①TB533

　中国版本图书馆 CIP 数据核字 (2021) 第 048906 号

责任编辑：裴　育　朱英彪　纪四稳/责任校对：杜子昂
责任印制：吴兆东/封面设计：蓝正设计

科 学 出 版 社 出版
北京东黄城根北街 16 号
邮政编码：100717
http://www.sciencep.com

北京建宏印刷有限公司 印刷
科学出版社发行　各地新华书店经销

*

2021 年 11 月第 一 版　开本：720 × 1000　1/16
2023 年 1 月第三次印刷　印张：14 3/4
字数：297 000

定价：120.00 元
（如有印装质量问题，我社负责调换）

译 者 简 介

于学华，1964 年 7 月生，工学博士，盐城工学院汽车工程学院三级教授，硕士生导师；同济大学工学博士后，日本东京工业大学客座研究员；日本自动车技术会高级会员，日本学术振兴会海外研究员，中国声学学会理事。

主要研究方向：折纸工程学先进技术、车辆系统动力学与控制技术、汽车噪声与振动分析及控制技术。主持国家及省部级科研项目 20 余项；荣获省部级科技奖励 8 项，其中"电动汽车白车身轻量化技术及应用"荣获 2013 年中国机械工业科学技术奖二等奖，"高端智能并联汽车喷涂机器人"荣获 2013 年江苏省科技进步奖三等奖，"汽车顶盖模具自动切换机构与模面加工技术及应用"荣获 2014 年中国机械工业科学技术奖二等奖，"汽车悬架隔振性能关键技术及工程实践"荣获 2015 年中国机械工业科学技术奖二等奖；在国内外学术会议与核心期刊发表论文 40 余篇；授权发明专利 20 余项；出版专著和译著各一部。2016 年荣获江苏省"有突出贡献的中青年专家"称号。

译 者 前 言

随着人类社会步入工业化、信息化、智能化时代，汽车噪声、高铁噪声、船舶噪声、航空航天噪声等环境噪声问题日益加剧，城市声环境诊断、预测及保护越发重要，环境噪声控制已经成为当今环境保护的重大课题。

近年来，国内外对环境噪声研究的相关成果大量涌现，本书日文版就是其中颇具代表性的研究成果之一。本书日文版是三重大学久野和宏教授、野吕雄一副教授等学者共同编写的一部学术著作，在日本一直作为工科大学机械工程、车辆工程、轨道交通工程、航空航天工程、环境工程等相关工程技术方向本科生及研究生教学和工程技术人员培训的教材。

译者研读了该书，并萌发了翻译的想法，希望能够为我国的机械、汽车、高铁、航空航天、环境工程等专业的学生和教师提供一部有思想、有价值并且贴近实际的中文教材和参考书。

本书由盐城工学院汽车工程学院于学华教授和南京工程学院汽车与轨道交通学院赵振东教授共同翻译，上海交通大学机械系统与振动国家重点实验室蒋伟康教授、饶柱石教授审核。在翻译过程中，还得到了许多专家和同行的鼓励与帮助。

诚挚感谢三重大学久野和宏教授、野吕雄一副教授，同济大学余卓平教授、张立军教授，我的爱人暨南大学附属第一医院李瑞满教授，盐城工学院刘祖汉教授、方海林教授、邵荣教授、王路明教授、王资生教授、王伟教授、倪骁骅教授的大力支持。此外，盐城工学院汽车工程学院项伟能和蒋浩男同学在本书校稿过程中也给予了热心帮助，在此一并表示感谢。

在本书翻译过程中，译者力求忠实原著，原汁原味地向读者展现日本学者的独到见解。但由于译者水平有限，难免存在一些不妥之处，诚望广大读者批评指正。

于学华

2021 年 3 月

前　言

现代城市道路、铁路等交通网络发达，生活基础设施完备，各种公共设施及商业、娱乐场所集中，经济、产业活动繁荣。很多人为了追求工作及生活的便利，从四面八方汇集到城市，由此导致的人口密集化程度提升也带来了各种各样的社会问题及环境问题。城市的噪声问题就是其中之一，各种各样的噪声不断困扰着居民的生活。

20 世纪 50 年代后半期到 60 年代前半期，日本全国范围内多发的公害问题推动了各种环保方面法律法规的制定，于 1967 年颁布了《公害对策基本法》。噪声污染与大气污染及水质污染等同样也成为法律约束的对象，1968 年颁布的《噪声限制法》规定了工厂噪声、建筑作业噪声的限值及汽车噪声的限值标准。除了这些规定，为了保护居民的生活环境和身体健康，一系列标准相继问世，可以列举出来的有 1971 年制定（1998 年修订）的《噪声相关的环境标准》、1973 年制定的《航空设备噪声相关的环境标准》、1975 年制定的《新干线噪声相关的环境标准》。这些法律法规和标准的制定，促进了各种噪声的测量、评估方法的完善，以及预测计算方法的开发与噪声预防技术的进步，伴随着环境影响评价（评估）工作的实施，在主要的噪声预防及声环境保护方面，取得了一系列的成果。

虽然法律法规起到了约束的作用，避免了某些状况的进一步恶化，但是城市依旧喧闹，居民在生活的很多方面仍然承受着噪声的干扰。以往的环境行政部门采用的是对症疗法，针对出现噪声问题的个别地点实施相应的管理。噪声的测量、评价等的预测及预防对策，通常都是针对某个地点采取个别措施。

城市居民希望拥有宁静的街道环境，而相关政策的制定及实施，需要有针对城市声环境开发的新的诊断、预测、保护技术。对于以往的道路及铁道、工厂及建筑作业噪声，不是在发现问题的局部地点采取个别的对策，而是把握区域整体或城市整体，从宏观角度采取相应的对策。

本书立足于上述观点，从宏观角度捕捉城市声环境，涉及诊断→预测→保护整个流程。在第一部分（第 1~4 章）中，针对噪声相关的社会调查方向及动向、以往的调查得出的各种见解、噪声相关的法律制度（规章制度及标准）

等，介绍诊断声环境必要的基本事项，并以名古屋市区的具体调查事例为基础，介绍城市声环境的实际状况及居民的意识形态；特别留意噪声量与居民反应的关系(dose-response)，在制定环境噪声相关的各种标准时，将其作为设定依据的判断标准(criteria)。

第二部分(第 5～10 章)为有关噪声的预测，针对具有地区代表性的噪声评价量，采用近年来广受瞩目的地理信息系统，对预测方法及分布在城市街道建筑物中的声传递方式进行详细介绍；明确地区的道路交通网络、土地使用、建筑物密度等与噪声评价量(L_{Aeq}、L_{AN} 等)的关系；并针对个别地点，介绍用 L_{Aeq} 的短时间测量值精确推测出长时间测量值的方法。

第三部分(第 11～13 章)描述日本汽车普及过程中出现的环境噪声增大的问题及其变迁，从硬件及软件方面介绍日本各种汽车噪声预防技术，提出改善声环境的可能性。并且，再次回归到新干线及老铁路线噪声的预防对策(降噪的历史)上，描述铁路发展与铁路高速化及运输能力提升的关系，并介绍随着航空需求的增大，如何采取相应的噪声对策(环境保护体系)等。

在阅读本书时，读者可以根据个人的兴趣按照第一、二、三部分的顺序进行阅读。除城市环境方面的从业人员，希望本书还能引起物流及交通政策、城市规划及地区规划等领域相关技术人员、管理人员、研究者、学生以及不同行业人士的兴趣。若能为读者解决某些问题提供启发，作者将倍感荣幸。

致谢

本书主要根据作者在环境噪声领域多年的研究调查成果编写而成，其间得到了以池谷和夫先生(名古屋大学名誉教授)为代表的相关专家的指导与支持，松井宽先生(名古屋工业大学名誉教授)针对地理信息系统的应用方法及道路网络中的交通量分配问题给予了指导，三品善昭名誉教授、大石弥幸教授(大同工业大学)、林显孝教授(铃鹿医疗科学大学)针对居民区的噪声暴露量调查及社会调查数据的积累和管理等给予了支持与帮助，樋田昌良先生(名古屋市环境科学研究所)针对新干线及老铁路线噪声的相关问题，提供了非常有用的资料。在本书的编写与出版过程中，技报堂出版株式会社的天野重雄先生提出了很多宝贵意见。在此一并表示衷心的感谢。

全体作者

目　　录

第二部分　声环境预测

第三部分　声环境保护

第一部分　声环境诊断

调查城市(地区)声环境的实际状况、诊断其健康状态(好坏的程度)的出发点在于保护声环境。本书的第一部分介绍与城市声环境诊断有关的基本内容，并对现有的科学研究内容进行整理，同时介绍具体的调查事例。

首先，从日本的噪声测量历史出发，概述噪声相关法律制度及各种制度规定的内容。

其次，针对社会调查的方法以及社会调查中需要注意的事项等进行描述，以把握声环境的实际状况。

最后，以日本名古屋市区的声环境调查为例，大致介绍城市声环境的实际状况及分析结果。

根据社会调查数据分析得到科学结论，并结合技术性及经济方面的背景，可制定各种噪声相关的标准及规则。与噪声影响相关的科学结论通常用反映噪声量与居民反应之间关系(噪声量与居民反应曲线)的形式表现，作为噪声容许值与限制值等相关数值的衡量标准(准则)，其在诊断声环境的过程中发挥了重要作用。

第1章　噪声的测量与评价

人们的日常生活被各种各样的声音环绕着。定量测量这些声音大小的装置称为声级计。声级计测量的噪声的等级称为噪声等级。但是，实际上在测量周围的噪声时，噪声等级时时刻刻都在发生着变化，很难以具体的分贝值读出。声级计显示的信息，虽然可以用"大概是多少分贝"或"峰值是多少分贝"来表示，但是声级计自身存在误差，加上测量者的判断，导致测量值本身的可信度下降。也可以用记录仪的记录纸及计算机存储器上的噪声等级计记录噪声时时刻刻的变动情况，但是这样一来，数据量变得极为庞大，不仅预测性差，相互比较也存在困难。因此，有必要按照某种固定的方法，用一个数值表示一定时间内的噪声等级。这样的代表值称为噪声的评价量，一直以来都建议采用噪声等级的中间值及等价噪声等级作为评价量。本章按照日本工业标准(JIS)的规定，介绍噪声等级的测量方法以及求噪声评价量的方法(按照标准进行说明，因此符号等的显示可能会与其他章节有一些差异)。

1.1　JIS Z 8731:1966《噪声等级测量方法》

随着日本经济的迅速发展，在20世纪60年代，工厂及建筑作业、交通设施等导致的噪声问题日益严重，都道府县的条例中开始出现与噪声相关的规定。为防止噪声公害的扩大，1968年日本以工厂噪声及建筑作业噪声为对象，制定了《噪声限制法》。《噪声限制法》采用了JIS Z 8731:1966《噪声等级测量方法》中规定的噪声测量及评价方法。JIS Z 8731是在1958年制定的，按照噪声等级的大小，对声级计的听觉补偿特性(A特性、B特性、C特性)进行了分类，并在1966年进行修订，全部改为A特性，涉及工厂噪声、建筑机械的噪声、室外及室内的环境噪声等。另外，对噪声的时间变动模式进行了分类(参照图1.2)，规定了如下所述的表示方法(求代表值的方法)。

(1)变动较少的噪声以平均值表示。

(2)周期性或间歇性变动的、显示值大致一定的噪声，用最大值的平均值来表示。

(3)对于不规则且大幅变动的噪声,按照一定时间间隔对噪声进行取样,用精度高且稳定的时间差噪声等级(L_{A50}、L_{A5}、L_{A95})来表示。

JIS Z 8731:1966《噪声等级测量方法》作为噪声测量的基础,长期以来被大范围使用,代表性的有《噪声限制法》及1971年制定的《噪声相关的环境标准》。

1.2　JIS Z 8731:1999《环境噪声的描述和测量方法》[①]

1971年制定的《噪声相关的环境标准》,以噪声等级的中间值 L_{A50} 为评价量,按照 JIS Z 8731:1966 中规定的方法进行测量。之后,随着测量处理技术的突飞猛进,欧美各国以等价噪声等级 L_{Aeq} 作为环境噪声的评价量,逐渐成为主流。其间,日本也对 JIS Z 8731 进行了修订(1983年),如表1.1所示,追加了通过 L_{Aeq} 对噪声进行测量、评价的方法。

表1.1　噪声的种类及评价量

噪声种类		说明	评价量
固定噪声		等级变动小、大致固定的噪声	L_A、L_{Aeq}
间歇噪声		间歇性产生,持续时间在数秒以上的噪声; (1)最大值大致一定的情况; (2)最大值在大致范围内不断变化	L_{Amax}、L_{Aeq}、L_{Amax}、L_{A5} 或能量的平均值
变动噪声		噪声等级不规则且连续性地在相当大的范围内发生变动的噪声	L_{A5}、L_{A50}、L_{A95}、L_{Aeq}
冲击噪声	分离冲击噪声	现象的持续时间极短的冲击性噪声以及每个现象都能够独立分离的噪声	L_{Amax}、L_{A5}、L_{Aeq}
	准固定冲击噪声	在极短的间隔内不断反复发生的,具有一定等级的冲击噪声	L_{Amax}、L_{A5}

日本在1998年对《噪声相关的环境标准》进行了修订,评价量以 L_{Aeq} 代替 L_{A50},正式用于环境噪声的评价量测量中。又结合日本国内外的状况,对 JIS Z 8731 进行了全面修订,变更为 JIS Z 8731:1999《环境噪声的描述和测量方法》[1]。以下将按照 JIS Z 8731:1999 中记载的内容,针对环境噪声的测量及评价方法相关的基本事项进行概括说明。

---

① 译者注:该标准于2019年进行修订,变更为 JIS Z 8731:2019《环境噪声的描述和测量方法》。

1.2.1　声压等级与噪声等级

JIS Z 8731:1999《环境噪声的描述和测量方法》中规定了各种基本的表示环境噪声的量，并介绍了测量环境噪声的方法。

1. 声压等级(sound pressure level)

JIS Z 8731:1999 中将声压等级定义为声压有效值 p 的平方除以标准声压 (p_0=20μPa) 的平方的常对数乘以 10。若用符号 L_p 表示，则其公式可以表示为

$$L_p = 10\lg\frac{p^2}{p_0^2} \tag{1.1}$$

单位是分贝(dB)。由于人耳能够听到的声压的范围极为广泛，以及以对数表示的声压有效值等级与听觉能够很好地对应(Fechner 法则)等，这种声压的对数(声压等级)被广泛应用于噪声的定量描述。

2. 噪声等级(noise level)

通过麦克风测量的声压，乘以与声的大小(音量)相关的考虑了人类听觉特性的频率加权特性 A(图 1.1)，得到的声压的有效值称为 A 特性声压，用符号 p_A 表示，单位是帕(Pa)。

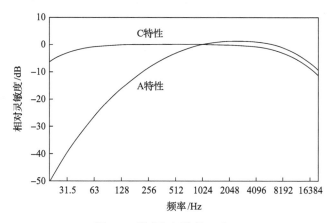

图 1.1　频率加权特性 A 和 C

在声级计的内部，以穿过具有频率加权特性 A 的过滤器(A 特性过滤器，听觉矫正回路)的方式实现对噪声等级的测量。关于频率加权特性 A，

在 JIS C 1509-1:2005《声等级表（声级计）的规格》中有所描述[2]。声级计测量的声压等级（A 特性声压等级）称为噪声等级 L_{pA}，通过下述公式定义：

$$L_{pA} = 10 \lg \frac{p_A^2}{p_0^2} \tag{1.2}$$

单位是 dB。

1.2.2　噪声的评价量

通常环境噪声的等级时时刻刻都在变化。用一个数值代表变动的噪声等级，称为评价量。下面针对代表性的评价量及求解评价量的方法进行介绍。

1. 时间差噪声等级（time difference noise level）

一直以来，时间差噪声等级都被用来评价一定时间内产生的噪声。JIS Z 8731:1999 对时间差噪声等级定义如下：根据时间加权特性 F（参照 JIS C 1509）测量的噪声等级，在对象时间 T 的 $N\%$ 的时间内超过某一水平值的噪声等级称为 $N\%$ 时间差噪声等级（图 1.2）。

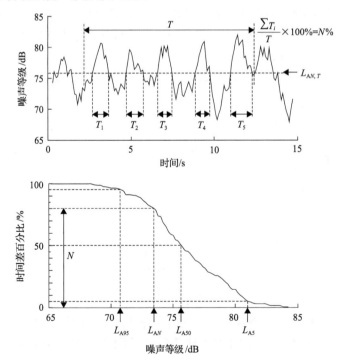

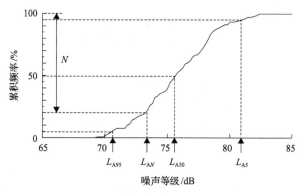

图 1.2 时间差噪声等级的测量

在实际测量时间差噪声等级时，通过声级计的时间加权特性 F（以前称为声级计的 FAST），在实测时间（T）内，每隔一定时间间隔（一般为 0.5s 至数秒）对噪声等级进行取样，并对结果作如图 1.2 所示的累积频率分布图，读取相当于噪声等级的累积百分比$(100–N)$%的噪声等级。图中，N%时间差噪声等级用符号 $L_{AN,T}$ 表示，单位是 dB。一直以来日本广泛使用噪声等级的中值 L_{A50}，其中的 $N=50$，也就是说 50%时间差噪声等级下，超过该值（或低于）的时间比例占到实测时间整体的 50%。最近的很多声级计在输入测量时间后，通过内置的微型计算机记录噪声等级，并自动对上述统计数据进行处理，测量结束后在画面上显示主要的 N%时间差噪声等级。时间差噪声等级是与噪声等级相关的统计量，但即便是计算出不同时间段的测量值的算术平均值及统计平均值[①]，从原理上来说也是毫无意义的。另外，不同噪声源的时间差噪声等级的合成计算（能量和）在物理学上也是没有意义的，这一点必须注意。

2. 等价噪声等级（equivalent noise level）

《噪声相关的环境标准》中采用的用于计算噪声的评价量的等价噪声等级 L_{Aeq} 在 JIS Z 8731:1999 中有如下定义。

对于某一时间范围 T，变动的噪声等级用统计平均值表示，可以通过下述公式计算得出：

$$L_{\mathrm{Aeq},T} = 10\lg\left[\frac{1}{T}\int_{t_1}^{t_2}\frac{p_{\mathrm{A}}^2(t)}{p_0^2}\,\mathrm{d}t\right] \tag{1.3}$$

式中，$L_{Aeq,T}$ 为时刻 t_1 到 t_2 的时间 T(s) 内的等价噪声等级 (dB)；$p_A(t)$ 为对象

————————
[①] 统计平均值：它位于一组数据的中心位置，可以代表这组数据与其他数据进行比较。

噪声的瞬时 A 特性声压(Pa);p_0 为标准声压(20μPa)。

备注 等价噪声等级还被用于评价作业环境中的噪声暴露情况(参照 ISO 1999)。

参考 1 $L_{\text{Aeq},T}$ 的下标 T 可用小时或者分钟表示。例如,以 10min 为对象时就是 $L_{\text{Aeq},1/6h}$,以 8h 为对象时就用 $L_{\text{Aeq},8h}$ 来表示。

参考 2 随时间变动的噪声在某一时间范围 T 内的等价噪声等级,相当于与该噪声拥有相等的平均声压平方的固定声的噪声等级。

也就是说,等价噪声等级是指变动噪声的 A 特性声压的平方在时间 T 内的积分,该时间的平均值(相当于声压有效值)就是等级显示的量(图 1.3),相当于时间 T 内与变动噪声的总能量相等的固定声的噪声等级。这样的计算实际上可以在图 1.4 所示的具备积分平均功能的积分型声级计内部执行。计算等价噪声等级时的评价时间,在定义上虽然可以自由设定,但是对于环境噪声,为了得到变动噪声的代表值,一般应该考虑采用较长的时间(数分钟以上)。对于铁路噪声及航空设备噪声等间歇性噪声以及各种冲击噪声,根据对象时间的确定方式,等价噪声等级的值会产生较大的变动,通过等价噪声等级来评价并不合适。因此,可以采用噪声等级的最大值与单发噪声暴露等级。但是,这些单发噪声在多次产生时,某种程度上,长时间(数小时以上)内的平均等级也可能适用于等价噪声等级。

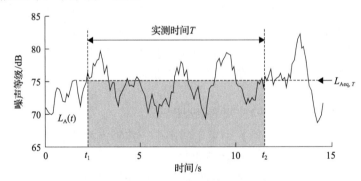

图 1.3 变动噪声等级与等价噪声等级

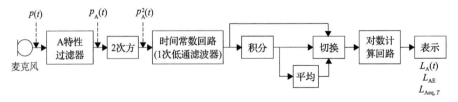

图 1.4 声级计的内部构成

当用于取样的声级计的值被视为正态分布时,根据噪声等级的中值(L_{A50})、分布的标准差(σ),以及 90%范围的上下限值(L_{A5}、L_{A95})等信息,可以按照下述公式统计性地推算出等价噪声等级(L_{Aeq}):

$$L_{Aeq} \approx L_{A50} + 0.115\sigma^2 \tag{1.4}$$

$$L_{Aeq} \approx L_{A50} + \frac{1}{94}(L_{A5} - L_{A95})^2 \tag{1.5}$$

$$L_{Aeq} \approx L_{A50} + \frac{1}{57}(L_{A10} - L_{A90})^2 \tag{1.6}$$

3. 单发噪声暴露等级(noise exposure level of single engine)

单发噪声暴露等级 L_{AE} 是从能量角度评价单发性噪声过程中所采用的量。其是指在整体时间内,对单发噪声的 A 特性声压的平方进行积分,用单位时间 1s 显示标准值的等级量(图 1.5)。

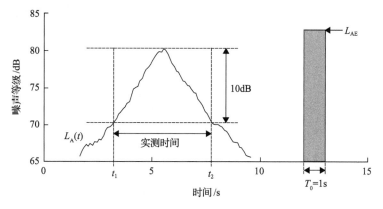

图 1.5　单发噪声暴露等级

JIS Z 8731:1999 中单发噪声暴露等级的定义如下:采用与单发噪声总能量(瞬时 A 特性声压的平方值)相等的能量,作为持续 1s 的固定声的噪声等级,计算公式为

$$L_{AE} = 10\lg\left[\frac{1}{T_0}\int_{t_1}^{t_2} \frac{p_A^2(t)}{p_0^2} \mathrm{d}t\right] \tag{1.7}$$

其中,$p_A(t)$ 为对象噪声的瞬时 A 特性声压(Pa);p_0 为标准声压(20μPa);$t_1 \sim t_2$ 为噪声持续时间(s)。T_0(图 1.5)为标准时间(1s)。

图 1.6 是对象冲击声的声压及其平方的波形,是根据声级计的时间加权特性 F(时间常数 125ms)及 S(时间常数 1s)记录的波形,还显示了用单发噪声暴露等级表示时的数值。在实际进行计算时,与等价噪声等级的情况一样,采用如图 1.4 所示的积分型声级计。这种情况下,只有积分操作不包含时间平均操作。

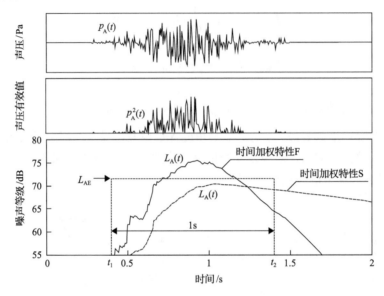

图 1.6　单发噪声的处理

1.2.3　基于等价噪声等级 L_{Aeq} 的评价量

1. 全天及时间段等价噪声等级(equivalent noise level of whole day and time period)$L_{Aeq,24h}$、$L_{Aeq,X}$

如 1.2.2 节所述,等价噪声等级定义为在规定的时间内,用观测点噪声能量积分求出总量,并除以时间长度求出平均噪声等级,因此测量时间是噪声评价的重要参数。JIS Z 8731:1999 中,作为一个等价噪声等级的代表值,定义合理适用的时间段作为标准时间段,并考虑研究对象地区居住者的生活状态及噪声源的运行状况,分别设置白天及夜间的标准时间段是比较合理的做法。在考虑不同地区受到各种噪声影响时,希望针对长时间的噪声影响进行合理的评价,通常将一年看作 1 天作为标准时间段。

在日常生活模式下,以 1 天 24h 作为基本生活周期,在评价噪声时,从公平性及再现性的观点出发，应设定标准时间并反复观测，作为合理的评价周期。通常用 $L_{Aeq,24h}$ 来表示全天等价噪声等级，用 $L_{Aeq,X}$ 来表示时间段等价噪声等级。

《噪声相关的环境标准》及《老铁路线噪声的临时性规范》中，以 1 天作为生活周期，并将其划分为从事生产活动的白天(6:00/7:00～22:00)及睡眠的夜间(22:00～次日 6:00/7:00) 2 个时间段，白天及夜间的等价噪声等级($L_{Aeq,D}$、$L_{Aeq,N}$)作为评价期间的标准值使用。

2. 白天-晚上-夜间(带时间段补偿)平均噪声等级(day-evening-night average sound level)L_{den} 与白天-夜间(带时间段补偿)平均噪声等级 (day-night average sound level)L_{dn}

在对 1 天的噪声进行评价的基础上，进一步划分时间段并规定每一时间段的标准值，以及在时间段内附加补偿进行综合评价。

L_{den} 是将 1 天的生活时间段划分为白天、晚上、夜间 3 个部分，休息的晚上这一时间段作为比白天影响大的时间段补偿+5dB，夜间这一睡眠时间段追加+10dB 的补偿值，对 24h 的噪声进行评价。L_{den} 在欧洲联盟(欧盟)规定中如式(1.8)所示，标准的白天(7:00～19:00)有 12h，晚上(19:00～23:00)有 4h，夜间(23:00～次日 7:00)有 8h，也可以根据各个国家的实际生活状况设定合理的时间段。日本在 2007 年对《航空设备噪声相关的环境标准》进行修订时，将评价指标由加权等效连续感觉噪声级(weighted equivalent continuous perceived noise level, WECPNL)变更为 L_{den}，时间段的白天设定为 7:00～19:00，晚上设定为 19:00～22:00，夜间设定为 22:00～次日 7:00。

$$L_{den} = 10\lg\left[\frac{12}{24}\times10^{L_{Aeq,D}/10} + \frac{4}{24}\times10^{(L_{Aeq,E}+5)/10} + \frac{8}{24}\times10^{(L_{Aeq,N}+10)/10}\right] \quad (1.8)$$

式中，$L_{Aeq,D}$ 为白天(7:00～19:00)的 $L_{Aeq,12h}$；$L_{Aeq,E}$ 为晚上(19:00～23:00)的 $L_{Aeq,4h}$；$L_{Aeq,N}$ 为夜间(23:00～次日 7:00)的 $L_{Aeq,8h}$。

L_{dn} 采用的是 1974 年美国国家环境保护局(EPA)报告书等级文件中采用的评价量，将时间段划分为白天(7:00～22:00)与夜间(22:00～次日 7:00) 2 个区间。噪声调查的结果显示，考虑夜间的噪声影响，与白天相比，可以追加+10dB 的补偿值，可通过下述公式计算得出：

$$L_{dn} = 10\lg\left[\frac{15}{24}\times10^{L_{Aeq,D}/10} + \frac{9}{24}\times10^{(L_{Aeq,N}+10)/10}\right] \quad (1.9)$$

3. 噪声等级评价(evaluation of noise level)L_{Ar}

噪声等级评价是指在等价噪声等级中,加入包含在对象噪声中的对纯音及冲击声的补偿值,在时间 T 内测量的值采用符号 $L_{Ar,T}$ 表示。等价噪声等级以各种频率成分的噪声所构成的声中人类能够感受到声大小的噪声等级(A特性声压等级)为基础,实际上,由于噪声的时间变动特性、频率范围的不同,即便是同一噪声等级,其喧闹(令人烦恼)的程度也不尽相同。尤其是包含纯音的情况和包含冲击噪声的情况,与不包含的情况相比,心理反应会更为强烈。因此,可采用某种方法定量地评价对象噪声的纯音与冲击声,对等价噪声等级实施补偿的量称为评价噪声等级,可以通过式(1.10)计算得出:

$$(L_{Ar,T})_i = (L_{Aeq,T})_i + K_{1i} + K_{2i} \tag{1.10}$$

式中, $(L_{Aeq,T})_i$ 为第 i 个标准时间段的等价噪声等级(dB); K_{1i} 为第 i 个标准时间段的纯音补偿值(dB); K_{2i} 为第 i 个标准时间段的冲击声补偿值(dB)。对于纯音补偿值 K_{1i} ,在 ISO 1996-2:2007①中记载有计算方法[3],但对于冲击声补偿值 K_{2i} ,其具体的计算方法尚未确立。

参 考 文 献

[1] JIS Z 8731:1999, "環境騒音の表示・測定方法"(1999).

[2] JIS C 1509-1:2005, "電気音響 – サウンドレベルメータ(騒音計) – 第 1 部: 仕様"(2005).

[3] ISO 1996-2, "Acoustics—Description, measurement and assessment of environmental noise—Part 2: Determination of environmental noise levels"(2007).

---

① 译者注:该标准已废止,目前最新标准为 ISO 1996-2:2017。

第2章　各种噪声的标准与规范（日本的法律制度）

虽然在 20 世纪 60 年代日本的经济增长极为显著，但是大气污染、水质污染、噪声等各种问题日益严重。1967 年日本政府基于保护国民的身体健康及生活环境的基本理念，制定了《公害对策基本法》，列举出了大气污染、水质污染、土壤污染、噪声、振动、地表下沉、恶臭 7 种典型的公害。日本的环境标准、排放限制、土地使用等公害对策相关的基本政策在这种情况下相继出台。

有关噪声问题，最初由地方民间团体制定了噪声预防条例及公害预防条例等。在 1968 年日本政府以工厂噪声及建筑作业噪声为对象，制定了《噪声限制法》。之后，又相继制定了环境噪声及航空设备噪声、新干线和老铁路线噪声等相关的各种标准及规范（表 2.1）。

表 2.1　噪声相关的各种标准及规范

制定年份	标准及规范	评价量
1968 年	《噪声限制法》（工厂噪声、建筑作业噪声等）	L_{A5}、L_{Amax}
1970 年	《汽车定置噪声限值》	L_{A50}
1971 年	《噪声相关的环境标准》	L_{A50}
1973 年	《航空设备噪声相关的环境标准》	WECPNL
1975 年	《新干线噪声相关的环境标准》	L_{Amax}
1990 年	《小规模飞机场的临时性规范》	L_{den}
1995 年	《老铁路线的新设或大规模改良时的噪声对策规范》	L_{Aeq}
1998 年	《噪声相关的环境标准（修订）》	L_{Aeq}
2000 年	《汽车定置噪声限值（修订）》	L_{Aeq}

2.1　《噪声限制法》

日本 1968 年制定的《噪声限制法》中，将时间段划分为白天、早晨和晚上、夜间，并根据《城市规划法》中与土地使用相关的条例，将地区分为第

1 类地区(居住专用地区)、第 2 类地区(居住地区)、第 3 类地区(商业和准工业地区)、第 4 类地区(工业地区)。有关不同地区、不同时间段的标准值,由各级政府部门设定了如表 2.2 所示的范围。噪声的测量中,采用按照计量法规定检定过的声级计,对时间的变化进行如图 2.1 所示的 4 种模式的分类,噪声测量值(评价量)按照下述方法求得。

表 2.2　《噪声限制法》中的噪声限制标准

地区的划分	时间的划分		
	白天	早晨和晚上	夜间
第 1 类地区	45dB 以上	40dB 以上	40dB 以上
	50dB 以下	45dB 以下	45dB 以下
第 2 类地区	50dB 以上	45dB 以上	40dB 以上
	60dB 以下	50dB 以下	50dB 以下
第 3 类地区	60dB 以上	55dB 以上	50dB 以上
	65dB 以下	65dB 以下	55dB 以下
第 4 类地区	65dB 以上	60dB 以上	55dB 以上
	70dB 以下	70dB 以下	65dB 以下

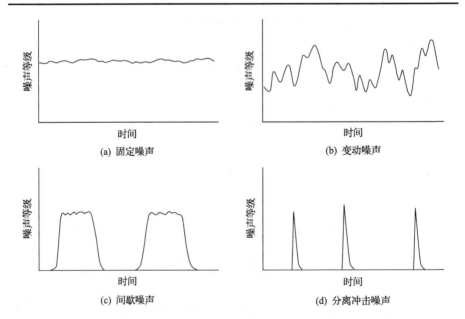

(a) 固定噪声　　　　　　　　　　(b) 变动噪声

(c) 间歇噪声　　　　　　　　　　(d) 分离冲击噪声

图 2.1　《噪声限制法》中的噪声时间变动模式

固定噪声：声级计的指示值不发生变动或变动较小的情况，其指示值即测量值。

变动噪声：声级计的指示值呈现不规则且大幅变动的情况，以 90%范围的上限值作为测量值。

间歇噪声：声级计的指示值呈现周期性或间歇性变动的情况，在其指示值的最大值大致一定的情况下，以每次变动指示值的最大值的算术平均值作为测量值。

分离冲击噪声：声级计的指示值呈现周期性或间歇性变动的情况，在其指示值不固定的情况下，从变动最大值到90%范围的上限值为测量值。

随着汽车噪声问题的进一步扩大，1970 年日本对汽车单体产生的噪声提出了限制。而当道路沿线地区的居民发现自己的生活环境受到显著的损害后，也开始要求政府采取进一步的措施，在这个过程中追加了汽车定置噪声的限值。对于不规则且大幅变动的噪声，汽车定置噪声限值的评价量取时间差噪声等级的中间值 L_{A50}。

2.2　《噪声相关的环境标准》

日本于 1971 年颁布《噪声相关的环境标准》，旨在保护国民身体健康及生活环境的基础上，以满足期望的目标。以受到噪声影响一方的暴露量为基础，以一般地区及面向道路的地区为对象，通过不规则且大幅变动噪声等级的中间值 L_{A50} 进行评价。在标准的实现与维持中，应该通过《噪声限制法》等采取土地的合理使用、噪声预防相关设施的改进、地区环境计划的制定、新开发工程等对环境影响的评估(评价)等综合措施。该标准在制定后将近 30 年的时间里，作为行政活动中噪声相关的环境标准，发挥了巨大的作用，后期根据噪声评价方面最新的科学研究及国际动向，于 1998 年修订为新的环境标准，并于 1999 年发行。

下面针对旧环境标准与新环境标准的概要进行说明，并介绍两者的主要差异。

2.2.1　旧环境标准

《噪声相关的环境标准》以一般的居住地区为基础，以白天噪声不对居民生理及心理带来影响、不影响日常生活、不会引起投诉为标准，规定室内噪声在 40dB 以下，室外噪声考虑住宅的隔声性能，设定为 50dB 以下；夜间的噪声以不影响睡眠为标准，规定室内噪声在 30dB 以下，室外噪声设定为 40dB 以下。

有关噪声的测量与评价问题，参照 JIS Z 8731:1966《噪声等级测量方法》进行规定，随时间呈现大幅变动的环境噪声的测量、评价中采用了 L_{A50}，选择代表该地区噪声的地点及时刻(或容易产生问题的时刻)。地区的划分应参照《城市规划法》中相关的法律法规执行，如表 2.3 和表 2.4 所示。表中的"AA 地区"是指特别需要保持静谧的地区，"A 地区"主要是用于居住的地区，按照《城市规划法》第 8 条的规定，分为第 1 类居住专用地区、第 2 类居住专用地区及居住地区，"B 地区"是指与相当数量的住宅并存的可供商业和工业使用的近邻商业地区、商业地区、准工业地区及工业地区。这些地区还被划分为受道路噪声影响较大的"面向道路的地区"及"一般地区"，另外根据行车线数量对"面向道路的地区"进行了划分。

表 2.3　《噪声相关的环境标准》(一般地区)

地区类型	对应地区(以爱知县为例)	时间的划分		
		白天	早晨和晚上	夜间
		8:00～19:00	6:00～8:00 19:00～22:00	22:00～次日 6:00
AA	无适用	45dB(A)以下	40dB(A)以下	35dB(A)以下
A	第 1 类居住专用地区、 第 2 类居住专用地区及居住地区	50dB(A)以下	45dB(A)以下	40dB(A)以下
B	近邻商业地区、商业地区、准工业地区、 工业地区	60dB(A)以下	55dB(A)以下	50dB(A)以下

表 2.4　《噪声相关的环境标准》(面向道路的地区)

地区的划分	时间的划分		
	白天	早晨和晚上	夜间
A 地区中面向拥有 1 条行车线的道路的地区	55dB(A)以下	50dB(A)以下	45dB(A)以下
A 地区中面向拥有 2 条及以上行车线的道路的地区	60dB(A)以下	55dB(A)以下	50dB(A)以下
B 地区中面向拥有 1 条行车线的道路的地区	65dB(A)以下	60dB(A)以下	55dB(A)以下
B 地区中面向拥有 2 条及以上行车线的道路的地区	65dB(A)以下	65dB(A)以下	60dB(A)以下

此外，把一天时间划分为早晨 M(6:00～8:00)、白天 D(8:00～19:00)、

晚上 E(19:00～22:00) 及夜间 N(22:00～次日 6:00) 4 个时间段。

　　由于对分离冲击噪声及间歇噪声未获得充分的科学依据,航空设备噪声、铁路噪声及建筑作业噪声的标准并不适用于当时的环境噪声。针对航空设备噪声、新干线噪声,分别于 1973 年及 1975 年制定了单独的环境标准。针对建筑作业噪声,由于其具有时限性,且在同一场所再现的情况较少,同样难以使用环境标准,在《噪声限制法》中进行了规定。

2.2.2　新环境标准

　　通过大量的试听测试及社会调查等,日本决定采用等价噪声等级 L_{Aeq} 作为变动噪声的评价量,其与听觉对应良好,最初由国际标准化组织(ISO)采用且被日本以外的很多国家用于环境噪声的测量与评价。1983 年对 JIS Z 8731:1966《噪声等级测量方法》进行了修订,追加 L_{Aeq} 作为变动噪声的测量与评价指标,并且在 1999 年与 ISO 标准整合,根据 L_{Aeq} 对测量、评价方法进行了全面的修订。另外,作业环境的测量与评价及老铁路线的新建或大规模改建中,噪声的预测与评价规范也采用了 L_{Aeq}。在日本国道 43 号线诉讼的判决书中,最高法院根据 L_{Aeq} 确认了噪声忍受限度(1995 年)[1]。

　　日本环保厅结合国内外的形势,开始着手环境噪声的评价及标准的修订工作,在 1998 年颁布了与噪声相关的新的环境标准。新的环境标准中通过 L_{Aeq} 对环境噪声进行评价,对地区类型及分类进行了大幅度的修正,如设置了干线道路附近空间(本书称之为附近空间)的特例,1天的时间段也由原来的早晨、白天、晚上、夜间 4 个时间段变更为白天(含早晨、晚上)及夜间两个时间段,并且提出以不影响夜间睡眠及白天谈话作为评价噪声的标准,制定了室内噪声标准(表 2.5),成为设定室外噪声标准(环境标准)的依据。

表 2.5　噪声影响相关的室内指标值

地区	白天	夜间
一般地区	45dB 以下	35dB 以下
面向道路的地区	45dB 以下	40dB 以下

　　一般地区(面向道路的地区以外的地区)的环境标准,考虑上述室内指标及住宅的隔声性能,居住系统 A* 及 B* 地区的标准值白天为 55dB、夜间为 45dB,加上地区补偿,设定了商业和工业系统 C* 地区的环境标准(表 2.6)。注意,在新环境标准的地区类型中加上"*",以与以往的地区类型进行区别。

表 2.6　一般地区噪声相关的环境标准值

地区类型	白天	夜间
特别需要安静的地区(AA*地区)	50dB 以下	40dB 以下
专门用于居住的地区(A*地区)及主要用于居住的地区(B*地区)	55dB 以下	45dB 以下
与相当数量的住宅并存的用于商业和工业等的地区(C*地区)	60dB 以下	50dB 以下

对于 A*地区和 B*地区拥有 2 条及以上行车线的道路或 C*地区拥有行车线的道路,将道路交通噪声占统治地位的地区定义为"面向道路的地区"。表 2.7 给出了面向道路的地区噪声相关的环境标准值。另外,结合日本城市的一般构造,将道路分为"干线道路"和"干线道路以外的道路",将面向干线道路的地区划分为附近空间和背对道路的地区。干线道路(2 条及以上行车线的国道、都道府县道路,4 条及以上行车线的县乡村道路)按表 2.8、干线道路以外的道路按表 2.9 进行了分类。该分类以"道路"为主,以"土地使用"为辅,作为特例,附近空间既适用于室外环境标准也适用于室内标准,包含建筑物在内的沿线道路,有必要采取噪声对策。

表 2.7　面向道路的地区噪声相关的环境标准值

地区		白天	夜间
A*地区中面向拥有 2 条及以上行车线的道路的地区		60dB 以下	55dB 以下
B*地区中面向拥有 2 条及以上行车线的道路的地区及 C*地区中面向拥有行车线的道路的地区		65dB 以下	60dB 以下
附近空间的特例	附近空间	70dB 以下	65dB 以下
	上述地区的室内空间	45dB 以下	40dB 以下

表 2.8　干线道路及地区类型

	附近空间		
面向道路的地区	B2*地区(主要居住,2 条及以上行车线)	C2*地区(商业和工业,1 条及以上行车线)	A2*地区(居住专用,2 条及以上行车线)
一般地区	C1*地区(商业和工业)	A1*、B1*地区(居住专用、主要居住)	

表 2.9　干线道路以外的道路与地区类型

面向道路的地区	B2*地区(主要居住,2 条及以上行车线) C2*地区(商业和工业,1 条及以上行车线)	A2*地区(居住专用,2 条及以上行车线)	A1*、B1*地区(居住专用、主要居住,1 条及以上行车线)
一般地区	C1*地区(商业和工业)	A1*、B1*地区(居住专用、主要居住)	

以上针对旧环境标准及新环境标准进行了介绍,下面对主要的内容进行

比较，如表 2.10 所示。

表 2.10　新旧环境标准的比较

项目		旧环境标准	新环境标准
噪声评价量		L_{A50}	L_{Aeq}
时间段划分		早晨(6:00～8:00) 白天(8:00～19:00) 晚上(19:00～22:00) 夜间(22:00～次日 6:00)	白天(6:00～22:00) 夜间(22:00～次日 6:00)
地区类型	一般地区	居住系统 A 地区 商业和工业系统 B 地区	居住专用系统 A*地区 主要居住系统 B*地区 商业和工业系统 C*地区
	面向道路的地区	根据行车线数量、地区用途划分	根据干线道路及其他道路划分
标准值		表 2.3、表 2.4	表 2.6、表 2.7 引入室内标准(表 2.7)
评价时间		5～10min(早晨、白天、晚上、夜间)	24h(1 年中的平均天)
评价地点 (实现状况)	一般地区	代表地区或有问题的地区	代表地区
	面向道路的地区	面向道路，自建筑物离道路 1m 的 道路一侧	一定地区的所有住宅(全面性评价)
实现期限	一般地区 新设道路 现有道路	立即实现 5 年以内或快速实现	立即实现 使用后立即实现 5 年以内或快速实现
不适用情况		航空设备噪声、铁路噪声、 建筑作业噪声	航空设备噪声、铁路噪声、 建筑作业噪声
测量方法		JIS Z 8731:1966《噪声等级测量方法》	《环境标准评价手册》

2.3　《航空设备噪声相关的环境标准》

有关航空设备相关的噪声，日本目前采用 WECPNL 进行评价，但是随着最新的科学研究情况以及噪声测量技术的进步，需要对相关标准进行修订及改正，并计划将 L_{Aeq} 标准改为 L_{den} 标准。

2.3.1　现有的环境标准

喷气式客机的噪声比以往客机的噪声都大，自 1955 年开始，东京国际机场及大阪机场周边出现了严重的噪声问题。当时对于航空设备噪声，各个国家采用的都是单独的噪声评价量，日本调查了航空设备噪声的现状及降噪技术的动向，在 1973 年根据 WECPNL 制定了相关的标准。日本的 WECPNL 评价值，以国际民用航空组织(International Civil Aviation Organization，ICAO)附件 16 中提倡的 WECPNL 值为标准，采用的是根据噪声等级最大值计算出近似值的方法[2]。航空设备噪声测量方法如下：

（1）设定声级计的动特性为慢（slow），在代表该地区航空设备噪声的地点（室外）进行测量。

（2）原则上连续测量 7 天，记录比背景噪声大 10dB 以上的航空设备噪声的峰值（L_{Amax}）及航空设备数目，按照下述公式求出每天的 WECPNL 值，并通过 7 天的数值计算平均值：

$$WECPNL = \overline{dB(A)} + 10\lg N - 27 \tag{2.1}$$

$$N = N_2 + 3N_3 + 10(N_1 + N_4) \tag{2.2}$$

式中，$\overline{dB(A)}$ 是指 1 天内所有峰值的平均值。设凌晨 0:00 开始到上午 7:00 的航空设备数目为 N_1，上午 7:00 到晚上 7:00 的航空设备数目为 N_2，晚上 7:00 到晚上 10:00 的航空设备数目为 N_3，晚上 10:00 到次日凌晨 0:00 的航空设备数目为 N_4，$N=N_1+N_2+N_3+N_4$ 为全天 24 小时的航空设备总数，加权平均计算出航空设备总数。

表 2.11 为航空设备噪声相关的环境标准值（WECPNL）。

表 2.11　航空设备噪声相关的环境标准值

地区类型	标准值（WECPNL）
I	70dB 以下
II	75dB 以下

注：I 代表用于居住的地区。
II 代表 I 地区以外的能保证正常生活环境的地区。

注意，表 2.11 不适用于每天起降次数不足 10 次的机场和位于岛屿上的机场。

2.3.2　《航空设备噪声相关的环境标准》的修订

ICAO 删除了《航空设备噪声相关的环境标准》的附件 16，主要欧美国家都在新环境标准中采用 L_{Aeq} 标准的评价量（L_{den}、L_{dn}、$L_{Aeq,24h}$）。日本也于 2007 年 12 月对环境标准进行了修订，评价量确定采用 L_{den}，同时变更了标准值，于 2013 年 4 月开始使用。航空设备噪声的时间段补偿等价噪声等级（L_{den}）按照以下方法进行计算。

（1）原则上实施连续 7 天的噪声测量，计算并测量比背景噪声大 10dB 以上的航空设备噪声（单发噪声暴露等级 L_{AE}）。

（2）时间段分为白天（7:00～19:00）、晚上（19:00～22:00）、夜间（22:00～

次日 7:00)。晚上、夜间的 L_{AE} 分别加上补偿值 5dB、10dB，计算出 L_{den}，即

$$L_{den} = 10\lg \frac{12\sum_i 10^{\frac{L_{AEd,i}}{10}} + 3\sum_j 10^{\frac{L_{AEe,j}}{10}} + 9\sum_k 10^{\frac{L_{AEn,k}}{10}}}{24} \tag{2.3}$$

式中，$L_{AEd,i}$ 是指上午 7:00 到晚上 19:00 的噪声等级，$L_{AEe,j}$ 是指晚上 19:00 到晚上 22:00 的噪声等级，$L_{AEn,k}$ 是指凌晨 0:00 到上午 7:00 及晚上 22:00 到次日凌晨 0:00 的噪声等级，i、j、k 分别是各时间段的第 i 个、第 j 个、第 k 个噪声等级。

(3)根据上述公式计算出的每一个测量日的 L_{den}，通过下述公式得出测量期间整体的统计平均等级值 $\overline{L_{den}}$，即

$$\overline{L_{den}} = 10\lg\left(\frac{1}{N}\sum_i 10^{\frac{L_{den,i}}{10}}\right) \tag{2.4}$$

式中，i 表示各测量日，N 表示测量天数。

表 2.12 为航空设备相关的环境标准值(L_{den})。

表 2.12　航空设备相关的环境标准值

地区类型	标准值(L_{den})
I	57dB 以下
II	62dB 以下

注：I 代表专门用于居住的地区。
　　II 代表 I 地区以外的能保证正常生活环境的地区。

另外，小规模飞机场也同样适用表 2.12 所示的环境标准值。

2.4　《新干线噪声相关的环境标准》

自新干线开通(1964 年)以来，其沿线地区出现了噪声和振动的社会问题，1975 年日本政府以列车噪声的峰值(L_{Amax})作为评价量，颁布了《新干线噪声相关的环境标准》，测量方法及环境标准如下：

(1)新干线噪声的测量，采用 A 特性等级，且动特性设置为慢(slow)，原则上读取上下线合计连续 20 列的每辆通过列车的 L_{Amax}，其中取上限噪声数值的一半平均后得到等级数值。

(2)选定代表该地区新干线噪声的地点或问题地点，在地上高度 1.2m 处

进行测量。《新干线噪声相关的环境标准》适用于早晨 6:00 到深夜 24:00 的新干线噪声。

表 2.13 为新干线噪声相关的环境标准值（L_{Amax}）。

表 2.13 新干线噪声相关的环境标准值

地区类型	标准值（L_{Amax}）
I	70dB 以下
II	75dB 以下

注：I 代表专门用于居住的地区。
II 代表 I 地区以外的能保证正常生活环境的地区。

2.5 老铁路线噪声对策的原则

虽然 1975 年修订了《新干线噪声相关的环境标准》，但是针对老铁路线噪声需要另行探讨。对于老铁路线，需要根据运行形态、列车的种类、车辆数、轨道构造等要素，针对单独的情况设定相应的目标并研究对策。另外，老铁路线新设高架桥等大幅变更的情况越来越多，在 1995 年实施环境影响评价时，根据当时的等价噪声等级 L_{Aeq} 设定了相应原则（表 2.14）。

表 2.14 老铁路线改良前后的噪声等级（L_{Aeq}）

铁路线	说明
老铁路线	白天(7:00～22:00)在 60dB 以下，夜间(22:00～次日 7:00)在 55dB 以下；保护居住地区等声环境，努力进一步降低噪声
大规模改良铁路线	噪声等级的状况与改良前相比有了改善

对于室外噪声，选择有代表性的噪声地点，自与轨道中心水平距离 12.5m 的地上高度 1.2m 处进行测量。

2.6 各种标准与限制等的比较

噪声的影响轻则影响睡眠、妨碍生活，重则造成听力障碍，前者发生在低噪声等级中，后者发生在高噪声等级中。根据噪声种类的不同，其评价方式也各不相同，对于普通的噪声，这些评价量之间存在数值大小的差异。噪声的评价量与日本的上述环境标准及限制标准、规范等的配置关系如图 2.2 所示。为了进行比较，图中除了列举出与噪声相关的旧环境标准、汽车噪声的申请限度，还列举了 WHO(世界卫生组织)、ISO(国际标准化组织)、CEC(欧洲协调委员会)、EPA(美国国家环境保护局)等的规范以及噪声对听力及睡眠的影响相关的科学规范等。从图 2.2 的布局可以看出各评价量之间的关系如下所示:

$$L_{Amax} \approx WECPNL \geqslant L_{A5} \geqslant L_{Aeq} \geqslant L_{A50} \tag{2.5}$$

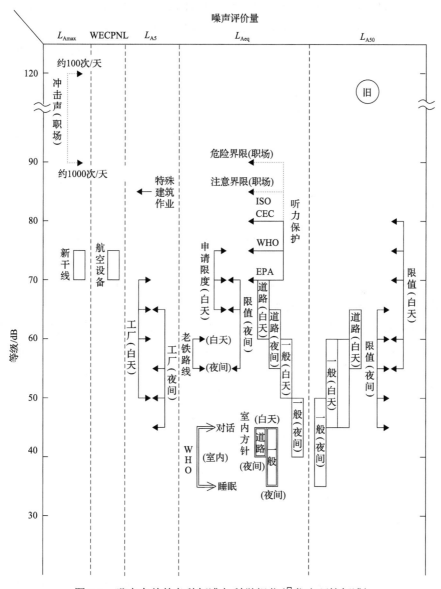

图 2.2　噪声有关的各种标准与科学规范(□代表环境标准)

规范的等级上限定位在从职场中劳动卫生(听力保护)的立场所制定的噪声及作业环境的容许限度上,下限定位在抑制居住室内的听力妨碍及睡眠妨碍的容许值上。从图 2.2 可以看出,这两者之间设定了各种标准及限制值。

环境标准是为了保护受到噪声干扰的一方(居民)的居住环境而制定的,噪声等级希望尽可能低。而限制标准及申请标准是针对声源制定的限制及对策,是有关发生源一方(占地境界)的排放标准,其数值与环境标准相比,大大高于正常水平。将基于 L_{Aeq} 的环境噪声(含道路交通噪声)标准值与基于 L_{A50} 的旧环境标准值相比,可知图 2.2 的配置呈现出如下特点:

(1)"一般地区"更为严格。

(2)"面向道路的地区"更为宽松(要求低)。

如果考虑列车及航空设备的运行状况(线路图),新干线噪声与航空设备噪声的环境标准可以换算为 L_{Aeq},并且其结果与上述"一般地区"的环境噪声标准值大体一致[3]。这些标准、规范对噪声进行了限制,成为工作及居住地区声环境的保障(当前的标准)。

2.7　声环境的宏观评价

噪声的评价原则上要根据测量地点的不同而分别进行。为了了解地区(城市)的声环境,可选择大量的测量地点,分别进行单独的评价;逐步开始测量并推算干线周边地区的噪声,进行全面性(计算地区内家庭的实现比例)评价[4]。以往的研究多着眼于道路、铁路、机场及建筑现场等大的噪声源,对其附近的噪声进行测量,构成了预测与评价的核心指标。对这种易发生噪声问题的场所,进行重点调查并执行相应对策的方法是极为高效的。然而,噪声环境应该以人们日常生活的居住环境为中心来考虑,针对居住地区的宏观声环境的研究是非常重要的。因此,希望能开发出从宏观角度把握地区(城市)声环境的预测、评价方法。例如,针对声源分布及建筑物分布(道路网及障碍物)建立合理的模型,如果能推测代表性地区的噪声评价量,就能够对地区声环境相关的保护对策及规范的确定以及行政措施的落实起到帮助作用。这些内容将在本书的第二部分进行展开叙述。

参 考 文 献

[1] 下角優枝,"国道 43 号線訴訟最高裁判所判決について",騒音制御 10(2), pp. 40-43

(1996).

[2] ICAO, "International standards and recommended practices Annex 16 to the Convention on International aviation", Vol.1, Aircraft noise(1970).

[3] 樋田昌良, 大宮正昭, 久野和宏, "名古屋市域における鉄道騒音の変遷", 日本音響学会騒音・振動研究会資料 N-2002-11(2002).

[4] 環境庁, "騒音に係る環境基準の評価マニュアル II 地域評価編(道路に面する地域)", (2000).

第 3 章　噪声相关的社会调查与居民反应

社会调查的目的是明确集团的特征、动向、特有的现象等，它针对各种各样的事物，面向所在地区及国家等的集团成员，通过当地面对面交谈或电话、书信等方式，收集民众的意见、感想等。为了从差异巨大的个体数据得到统计上的稳定结果，需要收集大量的样本，这会花费大量的经费及人力、时间，通常对调查内容进行验证或重新调查、追踪试验是较为困难的。因此，只有客观且科学地掌握社会调查的全过程，才能得到可信度高的结果。表 3.1 是日本政府及媒体等实施的社会调查的例子。

表 3.1　社会调查例子

种类	说明
国情调查	统计局根据《统计法》的规定，每 5 年实施一次的调查，以居住在日本的所有人为对象，调查相关的家族构成、年龄、职业、居所等，该调查是年金、医疗、劳务、国土计划等政策推进的基础
指定统计调查	包括国民生活基础调查、工业统计调查、建设开工调查等，该调查是由政府根据法律规定展开的，是产业、经济政策推进的基础
舆论调查	媒体等为了把握选举、国民及地区动向而实施的调查
市场调查	企业为了开发产品及开展企业战略等实施的调查
行政调查	行政主体为了推进政策的制定、把握居民的动向而实施的调查
基础调查	根据居民的意识及动向，为了明确社会构造而实施的调查

3.1　社会调查的目的与方法

噪声相关的社会调查，在明确噪声对人们日常生活影响的同时，还成为推进环境政策制定的有效手段。尤其是在城市地区，公共设施、商业设施、交通机构等比较完善，生活便利性高，经济活动及产业活动活跃，人口集中，很多城市居民受到各种噪声的影响，苦不堪言。

噪声的生理性、心理性影响相关的基础知识，通常可以在实验室内通过各种控制因素，研究其与暴露量的关系得到。但是在实际的日常生活中，除了噪声的大小及种类，还存在受噪声干扰的场所、时间及周边环境、个人的职业及年龄、与噪声源的关系等各种因素的影响。因此，仅仅通过实验室内的试听试验，并不能确切地把握噪声对日常生活的影响，在对象地区进行现场测量是不可或缺的。

有关噪声影响的社会调查，采用的是从对象地区随机选定受访人员，通过面谈、电话、邮件等的问卷方式，调查噪声所引起的不快感等，同时对噪声进行测量，并提取出两者对应关系的方法。

通常的社会调查中，根据各自的目的、意图会设计专用的调查表，但由于调查项目及评价指标等的差异，对获取的结果进行相互比较是比较困难的。各国为了验证调查结果的合理性，提升调查的可信度，正逐步推进将噪声相关的基本调查项目及内容标准化，开发可进行结果比较的调查表。

3.2　社会调查与环境政策

社会调查中获取的噪声影响相关的科学知识，是环境政策建立过程中极为重要的基础资料，被作为制定噪声相关的环境标准、各种规章制度及规范等时的根据。例如，1975 年制定的《新干线噪声相关的环境标准》，就是以日本环境厅及日本东北大学实施的新干线沿线社会调查的结果为基础的，标准值采用噪声的峰值等级作为评价量[1]。

另外，《噪声相关的环境标准》虽然自 1971 年颁布以来约 30 年都作为日本环境政策的支柱来使用，但是也基于这个时间段内所收集的科学知识及各国的噪声评价动向，并结合声级计测量处理技术的进步，于 1998 年进行了重新评估，实施了修订，新的环境标准以 L_{Aeq} 作为评价量(参照 2.2 节)。在对环境标准进行修订的过程中，发表并公告了如下内容[2]，其中社会调查结果发挥了重要的作用。

1. 影响听力

1974 年 EPA 发表的等级文件[3]显示，在日常生活中，不会对听力造成影响的噪声阈值为 70dB。

2. 影响睡眠

室内的试听试验及社会调查结果(表 3.2)显示，间歇性噪声对睡眠影响的下限值为 35dB，连续噪声为 40dB。面向道路的地区由于交通流量大，其噪声视为连续性噪声，而一般地区由于交通流量小，其噪声视为间歇性噪声，据此设定了夜间的室内噪声的规范值。

表 3.2　室内噪声对睡眠影响的研究

噪声等级(室内)	说明
L_{Aeq} 为 45dB 以上	Vallet 等(1983)[c] Thiessen 等(1983)[c]
L_{Aeq} 为 45dB	Eberhardt 等(1987)[c] Griefahn(1986)[c]
L_{Aeq} 为 40dB	影山等(1995)[c] Vallet 等(1983)[c] Öhrström 等(1990)[i]
L_{Aeq} 为 35dB	Eberhardt 等(1987)[i] Griefahn(1986)[i]
L_{Aeq} 为 30dB	Öhrström 等(1990)[i] Öhrström(1993)[i]

注：c 表示针对的是连续噪声。i 表示针对的是间歇性噪声。

3. 影响对话

EPA 的等级文件指出，在相隔 1m 的室内环境中谈话时，若谈话者要 100% 理解对方的话语，噪声等级最好在 L_{Aeq}=45dB 以下。白天的室内噪声标准是根据不影响对话的等级要求来设定的。

4. 室外噪声

在设定室外环境噪声的标准时，以图 3.1 所示 Schultz(舒尔茨)的综合曲线(整合大量社会调查数据得到的噪声量与居民反应的关系)、日本环境厅实施的干线铁路沿线的民意调查、久野等开展的名古屋市区居住环境噪声调查、Finegold 等开展的道路交通噪声相关的调查结果(表 3.3)为依据。

日本环境厅收集并整理了室内及室外的噪声等级差的实测数据，窗户打开时的住宅隔声性能约为 10dB，窗户关闭时约为 25dB。表 2.5 中记载的是室内噪声规范，考虑了住宅的隔声性能、旧环境标准等因素，根据 L_{Aeq} 的规定，设定了室外的环境标准(表 2.6 及表 2.7)。

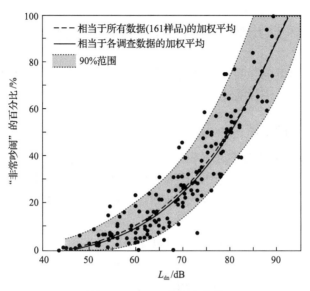

图 3.1　Schultz 的综合曲线

表 3.3　居民对环境噪声的反应

噪声等级（室外）	说明
L_{dn} 为 75dB	对道路交通噪声感觉非常不愉快的回答率约为 30%（Finegold 等, 1992）
L_{dn} 为 70dB	对道路交通噪声感觉非常不愉快的回答率约为 20%（Finegold 等, 1992） 对道路交通噪声感觉非常不愉快的回答率为 10%~25%（日本环境厅, 1977）
L_{dn} 为 65dB	对道路交通噪声感觉非常不愉快的回答率为 15%（Finegold 等, 1992） 对道路交通噪声感觉非常不愉快的回答率为 10%~17%（日本环境厅, 1977）
L_{dn} 为 60dB	对道路交通噪声感觉非常不愉快的回答率为 10%（Finegold 等, 1992）
L_{dn} 为 55dB	对道路交通噪声感觉非常不愉快的回答率在 10%以内（Finegold 等, 1992）
L_{dn} 为 50dB	对道路交通噪声感觉非常不愉快的回答率接近 0%（Finegold 等, 1992）
$L_{Aeq,24h}$ 为 65.6dB 以上	认为城市环境"比较吵"的回答率约为 30%（久野等, 1995）

3.3　各国环境噪声调查中噪声量与居民反应的关系

关于各国展开的与噪声相关的社会调查及其结果，本节以噪声量与居民反应的关系为中心进行阐述。

3.3.1　各国调查的结果

自 20 世纪 50 年代开始，喷气式飞机开始代替螺旋桨飞机，机场周边喷气式飞机的金属噪声异常喧闹，形成严重的社会问题。据说针对噪声实施的社会调查始于 1961 年在英国举办的范堡罗国际航空航天展览会，面向 60 人就"干扰程度"的问题进行了问卷调查。之后大量引入喷气式飞机，1963 年英国针对希思罗机场周边地区的居民，开展了航空设备噪声"干扰程度"相关的社会调查，并实施了噪声的测量；对于航空设备噪声的评价指标，根据感知噪声级(percieved noise level，PNL)及飞行次数，建议采用噪声和数值指数(noise and number index，NNI)。1963 年发表的威尔逊报告(Wilson Report)汇总了以航空设备为代表的各种交通工具和机械等的噪声等级、噪声影响及降低对策等，成为英国《降噪法》(Noise Abatement Act)制定的基础。英国在 1967 年再次针对希思罗机场周边地区的居民，开展了与航空设备噪声相关的社会调查，根据铁路及铁路交通噪声相关的调查结果，于 1971 年制定了《噪声控制法》(Noise Control Act)。

1971 年，ICAO 在 Annex16[4]上决定采用 WECPNL 作为航空设备噪声的评价指标。1973 年 WHO 汇总了噪声对健康影响方面的研究成果，公布了 L_{Aeq}、L_{Ar} 规范值[5]。1974 年，EPA 根据 L_{dn} 提出了环境噪声的规范值[3]。之后实施了大量噪声相关的社会调查，虽然根据调查目的不同采用了各种相对应的评价指标，但是等价噪声等级 L_{Aeq} 已经成为评价的主流，并逐步趋于稳定。

3.3.2　Schultz 的综合曲线

Schultz 在 1978 年针对现有的 11 篇噪声相关的社会调查报告，进行了重新评价，将 L_{dn} 与对噪声滋生强烈不快感(感觉到非常吵闹的人的比例)的关系汇总成了一条综合曲线[6]。Schultz 的研究说明，之前被认为存在困难的与噪声相关的社会调查及数据的综合，具有实现的可能性，这对政府设定噪声的规范值产生了巨大的影响。

Schultz 精选了各国的航空设备噪声、汽车噪声、铁路噪声相关的 18 篇调查研究报告，对其中 11 篇的数据进行了重新整理，以 161 个数据点的分布图作为基础(图 3.1)。

虽然人体的反应同样受声以外因素的影响，但是声以外的因素引起强烈不快感的情况较少。不快感的评价指标(程度)根据原始数据，整理为从"完全不"到"极为吵闹"的 4～11 个阶段，上段 27%～29%的部分被视为"非常吵闹"。

有关表达不快感程度的副词(表现语)，7 阶段指标中，上部 2 个阶段(28%)用"非常吵闹"表示；4～5 阶段指标中，上部 1 个或 2 个阶段用"非常吵闹"表示。有关研究报告中使用的噪声评价量(指标)，其中航空设备噪声使用的是噪声暴露预报(noise exposure forecast，NEF)、NNI、Q(store index，存储索引)等，道路交通噪声使用的是 L_{A10}、L_{A50}、L_{Aeq}、L_{dn} 等，要尽可能地汇集原始数据，实现向 L_{dn} 的转换。

3.3.3　Fidell 等的综合曲线

Fidell 等结合 Schultz 采用的 11 篇研究报告的成果，并对之后的 15 篇社会调查报告进行了探讨[7]。将 4 阶段评价指标上部的 1 个阶段、5 阶段评价指标上部的 2 个阶段归类为"非常吵闹"。向 Schultz 的 161 个数据点中追加了 292 个数据点，对这 453 个数据点进行进一步的分析。由此得出的综合曲线与 Schultz 提出的综合曲线并没有太大的差异。

但是经过更为详细的分析后，发现数据点集合中出现了全部集中在综合曲线上方位置或者下方位置的情况，推测这是由评价指标的变换方法、噪声的测量方法、受访者的数目及其选择方法等对结果的偏差造成的。Fields 等实现了噪声相关社会调查的相互比较，为了提升结果的可信度，国际噪声生物效应委员会(International Commission on Biological Effects of Noise，ICBEN)对评价指标的表达用语进行了统一，并制作了标准的调查表。

3.3.4　不同声源的反应曲线

Kryter 和 Hall 等很早就指出，与道路交通噪声相比，居民对航空设备噪声的反应更为强烈，但从干扰程度来看两者之间仅仅存在 10dB 的差值，说明噪声源的种类所带来的不快感的程度及给对话、睡眠造成的影响是不同的。

噪声等级超过 75dB 后，与其他交通噪声相比，人们对航空设备噪声的反应更为强烈(图 3.2)[8]。在同一 L_{dn} 的情况，铁路噪声虽然与道路交通噪声一样都会给对话带来影响，但是不规则变化的道路交通噪声的干扰程度更大，对睡眠造成的影响更为明显。对于 75dB 以上的噪声，人们对航空设备噪声的反应更为激烈，虽然与家庭的隔音效果存在一定的关系，但是认为还存在会担心有坠落物这样的潜意识造成的恐怖感因素；而铁路噪声在居民长年累月的生活中已经成为一种习惯，感受到吵闹的程度相对较低，甚至在欧洲部分国家，会为居民发放 5dB 的噪声补贴进行弥补。

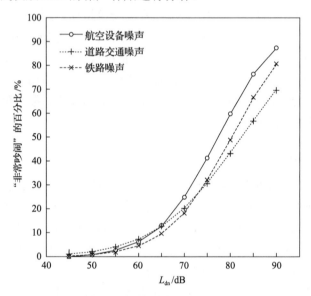

图 3.2　不同噪声的反应曲线(Kryter 和 Hall 等)

　　20 世纪 90 年代荷兰应用科学研究组织(the Netherlands Organization for Applied Scientific Research, TNO)收集了世界各国的噪声相关的社会调查数据，由 Miedema 等对这些调查数据进行了汇总分析，报告了各种各样的结果。例如，根据声源的不同，将数据分为航空设备噪声、道路交通噪声、铁路噪声进行重新分析，分析的结果如图 3.3 所示[9]。反应曲线随噪声源的不同而不同，人们对于航空设备噪声的反应较为激烈，对于铁路噪声的反应则有变温和的倾向，可能也与存在的铁路噪声补贴的现象有关。

　　另外，Finegold 等指出，这些不同声源的反应曲线中不存在统计学上的明显差异，交通噪声量与居民反应曲线相关的争论仍旧在继续。

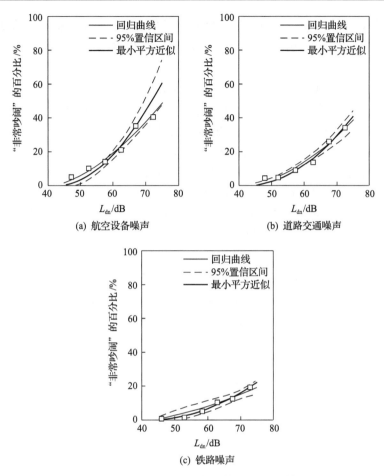

图 3.3　不同声源的反应曲线（Miedema 等）

3.4　日本国内环境噪声调查中噪声量与居民反应的关系

在 20 世纪 50 年代美国的军用飞机噪声问题非常严重，大阪市噪声委员会面向伊丹机场周边的 86 名村民，以民间螺旋桨飞机与美国军用喷气式飞机为对象，展开了影响对话、影响睡眠、喧闹等相关的社会调查，据说这是日本国内噪声相关社会调查的开始。之后民用航空中也开始引入喷气式飞机，日本声学会关西城市噪声对策委员会在 1964 年以伊丹机场周边喷气式飞机的噪声为对象，实施了相关的社会调查，得到噪声评价量 NNI 与"嘈杂程度"之间的关系。

另外，日本航空公害预防协会针对伊丹机场及东京国际机场周边地区，开展了航空设备噪声引起的"干扰程度"及"影响对话"、"影响睡眠"等的社会调查。

有关新干线噪声，日本东北大学与日本环境厅于 1972 年针对东海道、山阳新干线沿线开展了"干扰程度"及"影响对话"、"影响睡眠"等的社会调查[10]，成为《新干线噪声相关的环境标准》制定的基础资料。西宫等在 1977 年针对大阪机场周边的噪声及新干线噪声，开展了干扰程度与 L_{dn} 的关系方面的社会调查，报告显示人们对新干线噪声的反应更为强烈。

长田等在 1977 年针对不同的声源开展社会调查，收集了大量的数据，包括 2559 个道路交通噪声样本、900 个老铁路线噪声样本、206 个新干线噪声样本、1494 个航空设备噪声样本，得到 L_{Aeq} 与"干扰程度"的对应关系(图 3.4)[11]。反应率 30%的噪声等级的顺序依次是新干线噪声＞航空设备噪声＞老铁路线噪声和道路交通噪声，各声源间存在 5dB 左右的差值，新干线与老铁路线噪声之间存在 10dB 的差值。道路交通噪声的噪声量与居民反应曲线和 Schultz 的综合曲线大体一致，新干线噪声、航空设备噪声的反应曲线超过了 Schultz 的综合曲线(反应强烈)。

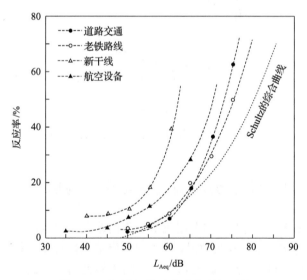

图 3.4　不同声源的反应曲线(长田等)

久野等自 1982～1994 年在名古屋市区实施了住宅的噪声测量及居民声环境意识相关的社会调查，收集了 2000 多个样本。对"干扰程度"设置了 4

个阶段的评价指标，求出这些指标与 L_{dn} 的关系，其中评价指标包括非常在意、在意、不怎么在意、没有任何想法(图 3.5)[12]。Schultz 的综合曲线位于上部 1 阶段与 2 阶段居民反应曲线的大致中央位置。

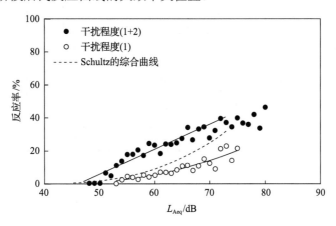

图 3.5　人们对名古屋市区"干扰程度"的反应曲线

　　之后，日本国内开展了大量与航空设备、新干线、老铁路线、道路交通噪声相关的社会调查，获得各种各样的结论。噪声相关的主要社会调查如表 3.4 所示。

表 3.4　日本国内开展的噪声相关的社会调查

声源	调查地区	样本数	评价量	反应的指标	类型	数据收集方法	调查年份	其他
航空设备	伊丹机场	—	L_{Amax} NNI	干扰程度、影响对话	6	—	1964	关西城市噪声对策委员会
	成田机场	733	WECPNL	迷惑感	5	面谈法	1997	
	嘉手纳空军基地	4245	WECPNL	对策满意度、干扰程度	5、7	留置法	2000	
新干线	东海道新干线 山阳新干线	424	L_{Aeq} L_{Amax} NNI	干扰程度等	7	面谈法	1972	日本东北大学
老铁路线	爱知县、福冈县、大阪府等 9 个县	1899	L_{Amax}	干扰程度等	3	—	1975～1976	日本环境厅
	东京都	1000	L_{Aeq} L_{dn}	干扰程度	7	面谈法	1984	
	JR 鹿儿岛本线、西铁大牟田线	460	L_{Aeq} L_{dn}	干扰程度	4、5、6、7	—	1997	

续表

声源	调查地区	样本数	评价量	反应的指标	类型	数据收集方法	调查年份	其他
道路交通	阪神高速公路	9570	L_{Aeq} L_{A50}	对策满足度	4	留置法	1985	
	北海道、九州	252	L_{Aeq} L_{A50}	干扰程度	4	面谈法	1992	
	长野市	124	L_{Aeq}	干扰程度	7	留置法	1988	日本信州大学
	名古屋市	2051	L_{Aeq} L_{dn}	干扰程度等	3、4	面谈法	1982~1994	日本名古屋大学、日本大同工业大学
	札幌市、熊本市	360、328	L_{Aeq}	不快感	4	留置法	1999	

3.5 噪声数据的积累、管理及应用

收集并积累日本国内庞大的社会调查数据,加以有效应用,可以逐渐提高人们研究噪声的积极性。

3.5.1 TNO 的数据存档

随着噪声防治技术的进步,航空设备及汽车的噪声正在逐渐下降,但是由于交通量日益增加,噪声问题依然非常严重。尤其是在欧洲,随着欧盟的成立,跨越国境的交流如火如荼,若要解决噪声问题,就需要开展国际合作。

20 世纪 90 年代,TNO 以欧美各国为主,收集了噪声影响相关的社会调查数据,并对数据进行了存档来构建二次分析利用的体系[13]。

3.5.2 日本的数据存档

1)名古屋市的数据库

日本虽然没有进行全国范围的噪声相关的社会调查及数据存档,但久野等在名古屋市实施了居住环境噪声的测量及生活环境的调查,收集了 2000 多个数据。除此之外,他们还收集并管理着日常生活中个人的噪声暴露量调查、名古屋市区的干线道路噪声和振动调查、新干线及老铁路线的噪声和振动调查等数据,制作了使用手册,并进行了公开(表 3.5)[14]。

表 3.5　名古屋市社会调查数据的公开清单(噪声/振动)

调查的种类	调查地区	调查部门	样本数
居住环境噪声	名古屋市区	日本名古屋大学、日本大同工业大学	2051
环境噪声	名古屋市区	名古屋市政府	2296
干线道路噪声和振动	名古屋市区	名古屋市政府	1432
汽车噪声定点测量	名古屋市区	名古屋市政府	48216
新干线噪声和振动	名古屋市区	名古屋市政府	3393
老铁路线噪声和振动	名古屋市区	名古屋市政府	5619
个人噪声暴露量	名古屋(仙台和东京)	日本东北大学、日本名古屋大学	609
近邻噪声	名古屋市区	名古屋市政府	1202

2)矢野等的数据存档

矢野等采用与 ICBEN 共同研究开发的评价指标,开展了与道路交通噪声、老铁路线噪声、新干线噪声相关的社会调查,同时,从日本国内的研究者等处获取调查数据,构筑数据存档体系。表 3.6 是 2002 年末矢野等及 TNO 收集的数据一览。

表 3.6　2002 年末矢野等及 TNO 收集的数据

噪声源	矢野等		TNO	
	调查数	样本数	调查数	样本数
航空设备	0	0	17	36623
道路交通	14	5452	28	23204
铁路	13	6990	7	7369
合计	27	12442	52	67196

3)数据存档的运用

矢野等在构筑数据存档体系的同时,努力做到大学自己运营管理。收集的对象包含调查表及回答数据、噪声测量数据、记录资料及调查数据相关的文献等。关于数据的文件格式,在统一数据格式、征得提供者同意的基础上,将数据设定为能够公开的等级。为了提升数据的存档价值,实现数据的有效利用,目前已积累了大量的样本,运营管理过程中需要建立完善的管理体制,以防个人信息的不正当使用及数据的泄露。建立持续管理方法,通过研究者公开数据的方式,促进数据的利用。

通过充实噪声相关的数据存档,对单独的调查结果进行比较,希望能够应用于以下研究中:

(1)道路交通、铁路、航空设备等不同声源噪声的影响(有无铁路补贴)。

(2)噪声对不同社会文化背景的国家的影响。

(3)独立住宅、集中住宅区域的噪声影响。

(4)环境政策及噪声政策的立案。

3.6　调查表与调查方法相关的研究

以往的社会调查中存在的主要问题是个别调查的可信度低、与其他调查的相互比较存在困难。其解决方法在于调查表的标准化,不仅仅是在日本国内实现统一,还应逐步实现国际上的统一。

3.6.1　ICBEN 实施的国际共同研究

Fields 等重新对以往的社会调查进行了评估,制作了可以获取稳定的可信度较高的综合曲线的调查表,以 ICBEN 为中心共同研究。ICBEN 为了实现噪声相关社会调查结果间的相互比较,建立了国际上通用的干扰程度标准评价指标,提议采用 11 阶段的数值指标及 5 阶段的评价指标[15]。5 阶段的评价指标被翻译成包含英文在内的 9 国语言,其中英语及中文的对照如表 3.7 所示。

表 3.7　ICBEN 提议的"干扰程度"的 5 阶段的评价指标

中文	英文
极其	extremely
非常	very
适度	moderately
轻微	slightly
一点都不	not at all

ICBEN 将表达"干扰程度"(annoyance)的副词设定为"extremely"、"very"、"moderately"、"slightly"、"not at all"。

很多国家采用 ICBEN 的标准指标,开展了与噪声影响相关的社会调查,德国、日本等收集了大量的样本数据。澳大利亚、荷兰、奥地利都采用 ICBEN 评价指标,展开了相应的社会调查。各国采用共同的评价指标开展社会调查,并积累社会调查数据,可实现调查结果相互间的比较,在提升可信度的同时,能够明确不同文化个体间噪声的影响是否存在差异的问题。

3.6.2　对调查表的研究（日本声学会）

社会调查是了解噪声影响的有效手段，为了检验结果的有效性并提升可信度，有必要对调查结果进行相互比较。ISO 及 ICBEN 都在积极制定符合国际标准的通用调查表。日本声学会也以难波、桑野为核心，研究日本国内外调查表，为制定弹性满足不同调查目的的标准调查表提供合理的建议（1992年）[16]。在 2005 年对调查表进行重新探讨，努力实现简单化；同时为了保护个人信息，制作并颁布了《伦理纲要草案》及《社会调查手册》[17]。

1）个人隐私的保护

在探讨调查表的过程中，明确受访者的人权及隐私的保护：

（1）调查表（个人信息的项目）中仅限性别、年龄，职业、家族构成等的项目仅在不可缺少的情况下出现。

（2）删除周边环境及居住信息项目，仅限居住年限。

（3）不用于调查目的以外的用途。

（4）对数据实施统计处理，使得不能根据结果追踪到具体的个人。

2）生活环境相关的调查项目

有关生活环境，以附近地区的满足度、周边环境中听到的声音及令人烦恼的声音、令人迷惑的声音、听到令人迷惑的声音的时间、如何应对令人迷惑的声音、对噪声源的不快感、睡眠影响、对周边噪声的反应等为调查指标。关于周边的声源，推测周边声环境中存在的声源，并考虑声源范围的因素，从 37 种声源中选定交通噪声、工厂噪声、近邻噪声、自然声等项目，根据具体目的尽可能省略不需要的项目。将选定的声音分类为能够听到的声音、听不到的声音，并进一步将能够听到的声音分类为不在意的声音、令人烦恼的声音。

关于"生活环境的满意度"，针对购物的方便性、交通的便利性、丰富的绿色环境、空气清新、周围宁静程度，以及公园、图书馆等公共设施 6 个项目，将满意程度划分为"不满意 1～满意 5"的 5 个等级指标。作为问卷核心的噪声影响相关的提问如表 3.8 所示。提取道路交通、航空设备、铁路、工厂及作业现场、建筑施工 5 种噪声源，将"不快感的程度"划分为 1～5 个数值指标等级。对应调查目的表示不快感程度的副词，采用 ICBEN 选定的表达5 个阶段的副词（1."完全不"、2."并不那么严重"、3."多多少少有"、4."大致会"、5."非常"）。针对居住周边的整体声音环境，将"让人出现不快感"划分为"完全不～非常"5 个阶段数值指标进行评价。

表 3.8　噪声影响相关的主要提问项目

Q5. 回顾这一年，你在自己家时，以下几种噪声有多大程度上让你苦恼而产生不快感呢？请在对应项目的
编号上画〇。

噪声	完全不	并不那么严重	多多少少有	大致会	非常
(1)汽车行驶声	1	2	3	4	5
(2)飞机及直升机的声音	1	2	3	4	5
(3)铁路的声音	1	2	3	4	5
(4)工厂及作业现场的声音	1	2	3	4	5
(5)建筑施工的声音	1	2	3	4	5
(6)其他声音	1	2	3	4	5

另外，噪声控制工业学会根据日本声学会的提议，制作调查表，针对道路交通、铁路、航空设备等不同声源的噪声影响实施调查，针对与噪声的暴露等级 L_{Aeq} 的关系进行探讨；制作日本国内标准的调查表，并进行公开发表，基于此实施调查研究。

3.6.3　社会调查的误差

与噪声相关的社会调查虽然能够把握实际状况，是获取各种结论的有效手段，但是调查数据中可能存在如下所示的各种误差。

1)统计学上的误差

一般来说，对总体的全部数据实施调查是较为困难的，抽取一部分样本进行调查，容易产生统计学上的误差。如果样本的回收率低，那么难以获取调查对象全体的倾向，回收的样本中会出现构成比例的倾斜。

2)调查时期引起的误差

关于调查时期，由于受访者所认为的季节及时间段存在不明确性，或者受访者的自身方便性或其不在现场等，会出现无法收集预期时间段的数据的情况，调查时期会出现偏差。

3)受访者引起的误差

受访者引起的误差主要如下：

(1)受访者对于设定的问题漠不关心或不知情时，会给出随意或应付性的回答。

(2)社会问题等调查中，受访者会做出舆论赞成、舆论反对等有别于真实想法的应付性的回答。

　　（3）留置法等调查中，受访者不是作为被调查对象，而是以其他家庭成员或以家庭全员来回答。

　　4）调查员引起的误差

　　调查员做出了与策划者不同主题的说明，会出现诱导受访者回答的情况。

　　为提高调查的可信度与合理性，可以长期收集多次调查数据并在调查地点测量噪声，将测量值与问卷调查值进行比较，来验证回答的准确性，以获得稳定的结果。

3.6.4　样本的收集

　　社会调查中，样本的收集是不可或缺的，可以制作调查表，通过面谈、电话、书信等方式来收集数据。但是由于各种各样的原因，得到受访者的配合越来越困难，样本的回收率出现逐渐下降的倾向，并且以居住者为对象的调查中常出现样本的人为偏离（尤其是年龄等）。在这样的社会形势下，可以考虑采用随机数字拨号（random digital dialing，RDD）方式及使用网络的方式进行调查。RDD 方式是以受访者整体为对象，收集无偏差数据的一种方式，是基于计算机的随机计算，通过电话进行提问的方法，多被媒体采用。而利用网络进行数据收集，可以促进数据偏离等问题的研究。

参 考 文 献

[1] 中央公害対策審議会騒音振動部会特殊騒音専門委員会，"新幹線鉄道騒音に係る環境基準設定の基礎となる指針の根拠等について 報告書添付資料"（1975）.

[2] 中央公害対策審議会騒音振動部会特殊騒音専門委員会，"騒音の評価手法等の在り方について（報告 別紙）"（1998）.

[3] US EPA, "Information on Levels of Environmental Noise Requisite to Protect Public Health and Welfare with Adequate Margin of Safety", Rep No.550/9-74-004（1974）.

[4] ICAO, "International standards and recommended practices Annex 16 to the Convention on International aviation", Vol.1, Aircraft noise（1970）.

[5] World Health Organization, "Environmental Health Criteria 12 Noise", pp.18-19（1980）.

[6] T.J.Schultz, "Synthesis of social surveys on noise annoyance", J. Acoust. Soc. Am. 64（2），pp.377-405（1978）.

[7] Sanford Fidell et al., "Updating a Dosage-Effect Relationship for the Prevalence of Annoyance Due to General Transportation Noise", J.Acoust.Soc.Am.bf 89（1），pp.221-233（1991）.

[8] Community Response to Noise Team of ICBEN(J.M.Fields et al.), "Guidelines for Reporting Core Information from Community Noise Reaction Surveys", J.Sound Vib. bf 206(5), pp.685-695(1997).

[9] H.M.E.Miedema, H.Vos, "Exposure-response relationships for transportation noise", J.Acoust.Soc.Am. 104(6), pp.3432-3445(1998).

[10] 曽根敏夫, 香野俊一, 二村忠元, 亀山俊一, 熊谷正純, "沿線住民に及ぼす新幹線鉄道騒音の影響", 日本音響学会誌 29(4), pp.214-224(1973).

[11] 長田泰公, "交通騒音に対する住民反応の比較検討", 共立女子短期大学生活科学科紀要, 第 35 号, pp.63-68(1982).

[12] 久野和宏, 林顕効, 三品善昭, 大石弥幸, 大宮正昭, 奥村陽三, 龍田建次, "住居の騒音曝露量と住民の音環境意識 – LAeq に基づく環境騒音の計測と評価 – "(三重大学工学部, 1999), pp.107-109.

[13] 川井敬二, 矢野隆, "騒音社会調査に関するデータアーカイブの構想", 日本音響学会騒音・振動研究会資料 N-2005-09(2005).

[14] 久野和宏編著, "騒音と日常生活 – 社会調査データの管理・解析・活用法 – "(技報堂出版, 2003), pp.269-299.

[15] 山下俊雄, 矢野隆, 小林朝人, "騒音のうるささの尺度構成に関する実験研究", 日本音響学会誌 50(3), pp.215-226(1994).

[16] 騒音問題に関する社会調査・調査委員会, "騒音問題に関する社会調査・調査委員会報告", 日本音響学会誌 48(2), pp.119-122(1992).

[17] 難波精一郎, 桑野園子, 加来治郎, 久野和宏, 佐々木実, 橘秀樹, 田村明弘, 三品善昭, 矢野隆, 山田一郎, "音環境に関する調査票改訂版の提案 – (社)日本音響学会・社会調査手法調査委員会報告 – ", 日本音響学会騒音・振動研究会資料 N-2005-21(2005).

第4章 居住区的声环境(以名古屋市区为例)

本章首先根据在名古屋市开展的具体调查事例,介绍日本城市声环境的实际状况;然后针对声环境的调查方法、数据的积累与管理方法进行说明,并对数据的收集、分析结果进行描述,尤其是明确道路及土地使用等环境噪声的主要形成因素,采用各种统计方法分析噪声量与居民反应之间的关系,以及与环境噪声的判断标准相关的问题;最后给出新旧环境标准的实现状况并提出今后的研究课题。

4.1 居住区的噪声暴露量测量与生活环境调查

传递到居住区的噪声除了汽车、工厂、铁路、建筑工程等的声,还有商业宣传及宠物的叫声等,种类繁多。上述所有环境噪声,根据场所的不同或时间的变化,都会呈现出不规则且大幅度的变动。

通过对名古屋市区居住区的噪声暴露量进行测量,收集了大量的样本。在居住区环境噪声的代表性场所(房檐下、阳台的扶手、院内盆栽处等),设置了自动记录型声级计,进行昼夜连续测量,取 24h 内各 144 个 L_{Aeq} 与 L_{A50} 的 10min 值($L_{Aeq,1/6h}$、$L_{A50,1/6h}$),用噪声评价指标计算 1 天中不同时间段的评价量 L_{Aeq},用算术平均方法计算 1 天中不同时间段的评价量 L_{A50}。在实施噪声测量的同时,就居民的生活环境(周边的土地使用、道路交通条件、对噪声的日常反应等)与居民进行面对面的交谈,展开调查。

将市区分割成标准网格(1km×1km),结合不同地区用途的面积比例等,尽可能以同样的条件抽取样本。1982~1994 年共收集了 2051 个样本,数据以表 4.1 中所示的文件格式进行保存[1-3]。生活环境调查的对象以白天在家的家庭主妇为主,其中 31~40 岁、41~50 岁、51~60 岁的年龄层各约占 20%(表 4.2)。

表 4.1　文件中记载的数据

识别信息
测量年月日、时间、测量设备编号、调查员经费、网格编号

生活环境调查
个人属性(性别、年龄、职业、家族构成) 住宅的形态与构造、窗户结构、层数、防噪对策 周边状况(道路、铁路、工厂、土地使用、居住密集度)、居住年数、居住便利性、噪声源 对噪声的反应(室内、室外)、睡眠影响

噪声测量数据
$L_{Aeq,1/6h} \times 144$，$L_{A50,1/6h} \times 144$(L_{A50} 在 1987 年以后开始使用)

2 组数据	
$L_{Aeq,24h}$	1 天的 L_{Aeq}
$L_{Aeq,M}$	早晨(6:00~8:00)的 $L_{Aeq,2h}$
$L_{Aeq,D}$	白天(8:00~19:00)的 $L_{Aeq,11h}$
$L_{Aeq,E}$	晚上(19:00~22:00)的 $L_{Aeq,3h}$
$L_{Aeq,N}$	夜间(22:00~次日 6:00)的 $L_{Aeq,8h}$
$L_{Aeq,MDE}$	早晨、白天、晚上(6:00~22:00)的 $L_{Aeq,16h}$
L_{dn}	夜间(22:00~次日 7:00)追加 10dB 影响因素计算出 1 天中的 L_{Aeq}
L_{den}	夜间(22:00~次日 7:00)追加 10dB、晚上(19:00~22:00)追加 5dB 影响因素计算出 1 天的 L_{Aeq}
$L_{Aeq,1/6h}^{(\alpha)}$	1 天 144 个 $L_{Aeq,1/6h}$ 的上段 $\alpha\%$的值(α=0, 10, 50, 90, 100)
$L_{A50,24h}$	1 天中 144 个 $L_{A50,1/6h}$ 的算术平均值
$L_{A50,M}$	早晨(6:00~8:00)12 个 $L_{A50,1/6h}$ 的算术平均值
$L_{A50,D}$	白天(8:00~19:00)66 个 $L_{A50,1/6h}$ 的算术平均值
$L_{A50,E}$	晚上(19:00~22:00)18 个 $L_{A50,1/6h}$ 的算术平均值
$L_{A50,N}$	夜间(22:00~次日 6:00)48 个 $L_{A50,1/6h}$ 的算术平均值
$L_{A50,MDE}$	早晨、白天、晚上(6:00~22:00)96 个 $L_{A50,1/6h}$ 的算术平均值

表 4.2　受访者的年龄构成

年龄	11~20 岁	21~30 岁	31~40 岁	41~50 岁	51~60 岁	60 岁以上
比例	2%	8%	17%	22%	23%	28%

4.2　居住区的噪声暴露量

　　本节利用不同时间段、不同土地使用类型(地区类型)的测量和调查数据，分析名古屋市区居住区噪声暴露量的实际情况。

4.2.1　噪声等级的时间变动模式

图 4.1 为测量的居住区范围内噪声等级(L_{Aeq} 及 L_{A50} 的 10min 数值)的时间变动模型。每隔 10min 测得的数值呈现出不规则的变化,从图中可以看出 $L_{Aeq,1/6h}$ 在夜间的变动尤其大。

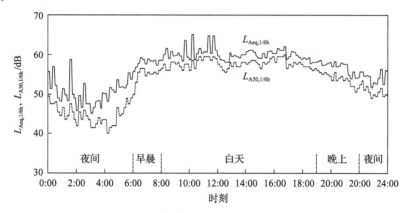

图 4.1　$L_{Aeq,1/6h}$ 与 $L_{A50,1/6h}$ 的 24h 变化

为了把握名古屋市区噪声的大致情况,求出了各时刻(每隔 10min)的 $L_{Aeq,1/6h}$ 及 $L_{A50,1/6h}$ 的所有地点的算术平均值,1 天 24h 内的变动情况如图 4.2 所示。1 天的 $L_{Aeq,1/6h}$ 变动模式中,白天约为 60dB,夜间低于 50dB,早晨 6:00~8:00 的 2h 内迅速提升了 10dB,18:00~24:00 的 6h 内缓缓下降。从上述数据来看,城市整体的噪声在早晨的较短时间内快速进入活动状态,傍晚到深夜慢慢地进入休止状态。

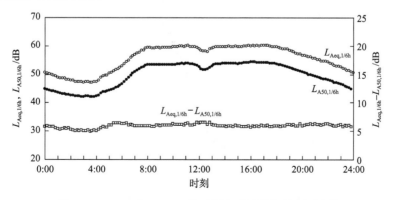

图 4.2　$L_{Aeq,1/6h}$ 与 $L_{A50,1/6h}$ 的时间变动及等级差(全市区)

另外，$L_{A50,1/6h}$ 白天的噪声等级约为 54dB，夜间约为 42dB，与 $L_{Aeq,1/6h}$ 的变动模式相比约差 6dB。1994 年，针对人行道及公园等 348 个地点的公共空地，每隔 10min 测量了名古屋市白天(9:30～16:00)的环境噪声。测量结果显示，所有地点 L_{Aeq} 的算术平均值为 61dB，比上述同一时间段的平均值高约 1dB，认为这是由测量地点不在居住区内，而是在公共空地上所引起的差异。

4.2.2 全天及不同时间段的噪声等级分布

本节求 1 天或每个时间段随时间变化的环境噪声的代表值并进行评价，L_{Aeq} 采用的是功率平均值(即噪声等级标准差的加权平均值)，L_{A50} 采用的算术平均值。图 4.3 显示了整个市区不同时间段的 L_{Aeq} 分布情况。白天(8:00～19:00)的 $L_{Aeq,D}$ 值分布在 38～90dB 约 50dB 的范围内。早晨(6:00～8:00)、晚上(19:00～22:00)的 $L_{Aeq,M}$ 及 $L_{Aeq,E}$ 的分布大致相等，与白天的 $L_{Aeq,D}$ 相比，约低 4dB。夜间(22:00～次日 6:00)的 $L_{Aeq,N}$ 进一步下降了 5～6dB。1 天的等价噪声等级 $L_{Aeq,24h}$ 分布在 44～87dB 范围内。L_{Aeq} 相关的不同时间段的平均值及标准差如表 4.3 所示。白天的平均值为 62dB、早晨及晚上约为 58dB、夜间约为 53dB，1 天的平均值为 60dB。与白天相比，早晨(晚上)大概低 5dB，夜间低 10dB。同样，表 4.3 中还显示了 L_{A50} 的相关结果，其平均值与 L_{Aeq} 相比均低约 10dB；白天的标准差大于 L_{Aeq}，夜间的标准差小于 L_{Aeq}。

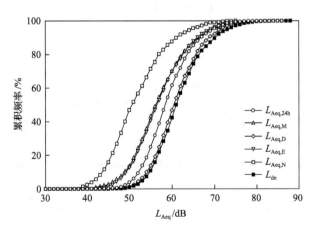

图 4.3 不同时间段的 L_{Aeq} 的累积频率分布

表 4.3　不同时间段的 L_{Aeq} 及 L_{A50} 的平均值及标准差

评价量	平均值/dB	标准差	评价量	平均值/dB	标准差
$L_{Aeq,M}$	57.9	7.0	$L_{A50,M}$	50.3	7.0
$L_{Aeq,D}$	62.0	5.8	$L_{A50,D}$	53.3	6.5
$L_{Aeq,E}$	58.1	6.5	$L_{A50,E}$	50.2	6.3
$L_{Aeq,N}$	52.6	6.9	$L_{A50,N}$	44.1	6.0
$L_{Aeq,24h}$	60.0	5.8	$L_{A50,24h}$	49.7	5.9
L_{dn}	62.8	6.0			

4.2.3　土地使用与环境噪声

1)地区用途及噪声等级

日本《城市规划法》第 8 条中将市区的土地用途分为 12 种,在这里考虑地区的特性及样本数等因素,将城市分为居住专用地区(第一类低层、第二类低层、第一类中高层、第二类中高层)、居住地区(第一类居住地区、第二类居住地区与准居住地区)、商业地区(近邻商业地区与商业地区)及工业地区(准工业、工业地区与工业专用地区)4 种类型,并给出了这 4 种地区的环境噪声[3]。

表 4.4 中显示的是各种用途地区不同时间段 L_{Aeq} 及 L_{A50} 的平均值及标准差。针对各地区白天的平均等级 $L_{Aeq,D}$ 进行分析,结果显示居住专用地区噪声等级最低,为 60dB,居住地区为 62dB、工业地区为 63dB、商业地区为 65dB,呈现逐渐增高的趋势。居住地区不同时间段的平均 L_{Aeq} 及 L_{A50} 等于所有地区的平均值。这些地区间的平均噪声等级差在不同时间段大致显示出了同样的趋势。关于各地区的噪声等级的偏差,居住专用地区最小,其次按照居住地区、工业地区、商业地区的顺序逐渐增大。工业地区的噪声等级与居住地区的值大致相等,这是因为本调查中工业地区约 70%都属于准工业地区,而准工业地区的噪声等级与居住地区大致相等。

2)地区类型与噪声等级

《噪声相关的环境标准》中,将土地分为居住区(A 地区:第一种居住专用地区、第二种居住专用地区、居住地区)及商业和工业地区(B 地区:近邻商业地区、商业地区、准工业地区、工业地区、工业专用地区),还根据周边的道路条件(行车线数及距离)进行了分类。在这里,将土地分为居住区(A 地区)及商业和工业区(B 地区),并根据居住区的道路行车线数及其是否面对道路这一因素进一步分为 A_i、B_i 地区[4],i=1, 2, 3,相关含义规定如下。

表 4.4　不同地区不同时间段的 L_{Aeq} 及 L_{A50} 平均值及标准差（SD）

（单位：dB）

评价量	居住专用地区	居住地区	商业地区	工业地区	整体
$L_{Aeq,M}$	54.6	58.0	62.3	59.0	57.9
(SD)	(5.9)	(6.7)	(7.4)	(6.6)	(7.0)
$L_{Aeq,D}$	59.7	61.8	65.4	62.9	62.0
(SD)	(5.2)	(5.3)	(5.9)	(5.6)	(5.8)
$L_{Aeq,E}$	55.8	57.9	62.4	58.4	58.1
(SD)	(5.8)	(6.2)	(6.7)	(6.2)	(6.5)
$L_{Aeq,N}$	49.7	52.8	57.0	53.2	52.6
(SD)	(6.1)	(6.6)	(7.5)	(6.5)	(6.9)
$L_{Aeq,24h}$	57.6	59.9	68.5	60.8	60.0
(SD)	(5.1)	(5.3)	(6.0)	(5.6)	(5.8)
L_{dn}	60.2	52.7	66.6	63.5	52.8
(SD)	(5.2)	(5.6)	(6.5)	(5.7)	(6.0)
样本数	534	695	278	501	2008
$L_{A50,M}$	47.0	50.2	53.3	51.9	50.3
(SD)	(6.0)	(7.0)	(6.9)	(6.8)	(7.0)
$L_{A50,D}$	50.7	53.0	56.8	55.4	53.5
(SD)	(5.7)	(6.3)	(6.6)	(6.2)	(6.5)
$L_{A50,E}$	48.0	50.0	54.0	50.9	50.2
(SD)	(5.6)	(6.4)	(6.4)	(6.1)	(6.3)
$L_{A50,N}$	41.7	43.9	46.8	45.4	44.1
(SD)	(5.5)	(6.0)	(5.8)	(5.8)	(6.0)
样本数	254	433	119	348	1154

下标 1：拥有 1 条行车线的道路的周边地区或者背对拥有 2 条及以上行车线的道路的地区。

下标 2：面向拥有 2 条行车线的道路的地区。

下标 3：面向拥有 3 条及以上行车线的道路的地区。

对 L_{Aeq} 及 L_{A50} 的早晨、白天、晚上、夜间不同时间段的平均值根据不同的分类进行整理，结果如表 4.5 所示。"面向道路的地区"是指声源受到道路噪声影响的地区，由于道路构造及周边占地条件不同，噪声等级存在巨大的差异，其范围到目前为止尚未明确。但在 2000 年 4 月日本环境厅的《噪声相关的环境标准的评价手册Ⅱ》文件中指出，"面向道路的地区"是指噪声测量技术中受一般道路交通噪声波及的范围，即自道路境界起以 50m 作为评价对象的区域。在这里，包含面向拥有 2 条及以上行车线的道路 20m 以内的地区。

表 4.5 根据道路条件划分的地区在不同时间段噪声等级的平均值及标准差（SD）

（单位：dB）

评价量	A₁	A₂	A₃	B₁	B₂	B₃	整体
$L_{Aeq,M}$	55.6	63.3	66.8	58.2	66.2	69.5	57.9
(SD)	(5.9)	(6.1)	(6.7)	(5.6)	(6.0)	(6.3)	(7.0)
$L_{Aeq,D}$	60.2	65.7	68.0	62.6	68.5	70.8	62.0
(SD)	(5.0)	(5.4)	(5.6)	(4.9)	(5.4)	(5.3)	(5.8)
$L_{Aeq,E}$	56.2	62.7	65.0	58.1	64.9	68.1	58.1
(SD)	(5.6)	(6.0)	(6.0)	(5.5)	(6.5)	(6.1)	(6.5)
$L_{Aeq,N}$	50.5	57.8	60.9	52.5	61.1	63.9	52.6
(SD)	(5.9)	(6.8)	(6.2)	(5.7)	(6.0)	(6.3)	(6.9)
$L_{Aeq,24h}$	58.2	64 .0	66.2	60.2	66.7	69.1	60.0
(SD)	(4.9)	(5.4)	(5.7)	(4.8)	(5.4)	(5.4)	(5.8)
L_{dn}	60.8	67.2	69.8	62.9	70.1	72.8	62.8
(SD)	(5.0)	(5.7)	(5.9)	(4.9)	(5.5)	(5.8)	(6.0)
样本数	1092	76	70	629	42	90	1999
$L_{A50,M}$	48.1	57.6	60.3	51.0	56.9	63.1	50.3
(SD)	(6.1)	(5.6)	(7.4)	(5.8)	(5.6)	(6.9)	(7.0)
$L_{A50,D}$	51.3	60.8	62.4	54.5	60.3	66.0	53.5
(SD)	(5.5)	(5.5)	(6.2)	(5.4)	(6.0)	(6.1)	(6.5)
$L_{A50,E}$	48.4	57.7	59.2	50.4	56.6	62.4	50.2
(SD)	(5.4)	(5.7)	(6.5)	(5.3)	(5.8)	(6.1)	(6.3)
$L_{A50,N}$	42.5	47.7	50.6	44.8	49.6	53.9	44.1
(SD)	(5.6)	(5.5)	(6.5)	(5.2)	(5.0)	(6.0)	(6.0)
$L_{A50,24h}$	47.7	55.8	57.9	50.5	56.0	61.3	49.7
(SD)	(5.1)	(4.9)	(6.1)	(4.8)	(5.2)	(5.8)	(5.9)
样本数	627	29	32	403	23	34	1148

由表 4.5 可知，居住区的噪声暴露量显示出了如下所示的特征：

（1）面向拥有 2 条及以上行车线的道路的地区（A₂、A₃、B₂、B₃）与其以外的地区（A₁、B₁）之间存在 10dB 左右的差值。

(2)各地区早晨及晚上的噪声等级的平均值大致相等。

(3)面向道路的地区（A_2、A_3、B_2、B_3）的昼夜间等级差，L_{Aeq} 约为 7dB，L_{A50} 约为 12dB。也就是说，面向道路的地区中，L_{Aeq} 的夜间等级降低量与 L_{A50} 相比非常小。

(4)面向拥有 3 条行车线的道路的地区（A_3、B_3）中，白天的 L_{Aeq} 平均值超过了 65dB，夜间超过了 60dB。

(5)面向拥有 3 条行车线的道路的商业和工业地区（B_3）中，白天的 L_{A50} 平均值均超过了 65dB。

(6)L_{dn} 的平均值比 $L_{Aeq,24h}$ 约低 3dB，比 $L_{Aeq,D}$ 高 1～2dB。

面向拥有 2 条及以上行车线的道路在 10m 以内的情况，也大致与上述结果相同。另外，面向道路的地区延伸 50m 后，与一般地区（A、B）的等级差减少。

3)基于干线道路的地区分类(3 种)与噪声等级

将道路分为干线道路及其他道路两种类型，结合前述结果，A、B 地区中距离干线道路 20m 以内的地区一概划分为"面向道路的地区"，超过 20m 的地区划分为"一般地区(A、B)"。

首先按噪声等级(各时刻的平均值)在一天中的变动情况分为一般地区及面向道路的地区，分别如图 4.4 和图 4.5 所示。$L_{Aeq,1/6h}$ 与 $L_{A50,1/6h}$ 的平均等级差，一般地区全天大致维持在 6dB，面向道路的地区中白天只有 4dB，傍晚以后慢慢增大，从深夜到早晨达到了 10dB。在干线道路附近，通常白天噪声等级较高，而夜间尤其是深夜到早晨，随着交通量的减少，背景噪声也随之下降，噪声等级较低；另外，间歇性行驶的车辆(尤其是大型车辆)提速行驶，噪声等级也会大幅变动。

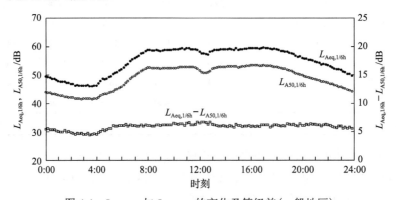

图 4.4　$L_{Aeq,1/6h}$ 与 $L_{A50,1/6h}$ 的变化及等级差(一般地区)

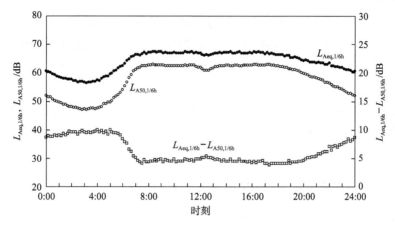

图 4.5　$L_{Aeq,1/6h}$ 与 $L_{A50,1/6h}$ 的变化及等级差（面向道路的地区）

因此，虽然深夜的 $L_{A50,1/6h}$ 下降到了背景噪声附近，但 $L_{Aeq,1/6h}$ 并没有出现大幅的下降。将 $L_{A50,1/6h}$ 按一般 A 地区、一般 B 地区及面向道路的地区求得不同时间段的 L_{Aeq} 及 L_{A50} 的平均值（及标准差），如表 4.6 所示。一般地区

表 4.6　不同地区类型在不同时间段的噪声等级　　　　（单位：dB）

评价量	一般地区		面向道路的地区	所有地区
	A 地区	B 地区		
$L_{Aeq,M}$	55.4(5.8)	57.9(5.7)	64.6(7.2)	57.9(7.0)
$L_{Aeq,D}$	60.1(4.9)	62.0(5.1)	66.5(6.1)	62.0(5.8)
$L_{Aeq,E}$	56.1(5.6)	57.8(5.6)	63.3(6.9)	58.1(6.5)
$L_{Aeq,N}$	50.4(5.8)	52.1(5.8)	58.9(7.2)	62.6(6.9)
$L_{Aeq,MDE}$	59.4(4.9)	61.3(5.0)	65.9(6.2)	61.3(5.8)
$L_{Aeq,24h}$	58.1(4.9)	60.0(5.0)	64.7(6.2)	60.0(5.8)
L_{dn}	60.7(5.0)	62.6(5.1)	68.1(6.5)	62.8(6.0)
L_{den}	61.2(5.0)	63.1(5.0)	68.5(6.5)	63.2(6.0)
样本数	1029	590	390	2009
$L_{A50,M}$	47.8(5.9)	50.3(5.6)	57.4(7.1)	50.3(7.0)
$L_{A50,D}$	51.0(5.3)	53.8(5.2)	60.3(6.7)	53.5(6.5)
$L_{A50,E}$	48.1(5.2)	49.8(5.0)	57.0(6.8)	50.2(6.3)
$L_{A50,N}$	42.3(5.5)	44.3(5.1)	49.0(6.1)	44.1(6.0)
$L_{A50,MDE}$	50.0(5.2)	52.6(5.0)	59.3(6.7)	52.5(6.3)
$L_{A50,24h}$	47.4(5.0)	49.9(4.7)	55.8(6.2)	49.7(5.9)
样本数	585	371	200	1156

中，A 地区的 L_{Aeq} 平均值在白天约为 60dB，夜间约为 50dB，B 地区的 L_{Aeq} 的平均值比 A 地区高约 2dB。面向道路的地区与一般地区相比，等级差不管是白天还是夜间都较大，分别高出约 6dB 及 9dB。另外，面向道路的地区与一般地区的 L_{A50} 等级差均显示出白天大、夜间小的趋势。L_{Aeq} 与 L_{A50} 之间的等级差，一般地区白天及夜间为 8～9dB；面向道路的地区，白天约为 6dB，夜间增大到 10dB，这是由于面向道路的地区夜间的 L_{Aeq} 并没有 L_{A50} 下降得那么多(图 4.5)。

4.2.4　从噪声暴露量观察"面向道路的地区"

　　根据上述内容可以看出，沿干线道路的居住区与距道路 20m 以上背对道路的居住区一天的噪声等级有较大的差异。在此进一步对居住区的噪声等级与到干线道路的距离之间的关系进行分析，并针对面向道路的地区进行探讨[5,6]。本节采用了 1982～1987 年收集并积累的 1105 个样本的数据。

　　为了把握到干线道路的距离与居住区噪声等级之间的关系，求出了全天及不同时间段的等价噪声等级的距离衰减特性，结果如图 4.6 所示。该图是根据到干线道路的距离求出的 L_{Aeq} 平均值的分布图。随着到道路距离的增大，L_{Aeq} 的每个平均值与等级呈现出逐渐下降的趋势。

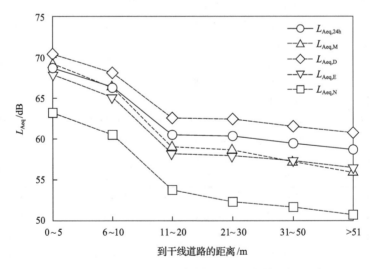

图 4.6　到干线道路的距离与居住区噪声等级的关系

早晨、白天、晚上的时间段中，从 20m 以内到 20m 以外，暴露等级呈现出逐渐增大的倾向。相对于 20m 以内出现了大幅度下降，20m 以外显示出了逐渐减少的趋势。即距离道路 5m 和 10～20m 的居住区，在上述时间段内均出现了 10dB 左右的平均等级差，而超过 20m 后，等级差仅出现 2～3dB 的下降。

另外，夜间距离道路 30m 以内的区域内显示出了同样的倾向。与其他的时间段相比，夜间干线道路的影响渗透到了更远的地方。这是因为与道路噪声相比，夜间其他噪声所占的比例下降了。综上可知，干线道路对居住区的噪声等级的影响，以 20～30m 为界，呈现出较大的变化。因此，将面向道路的地区定义为距离干线道路 20～30m 的区域比较合理。

2001 年 1 月日本环境厅的通告显示，"干线道路"是指高速道路、一般国道、都道府县道路及 4 条及以上行车线的市町村道路。"接近干线道路的空间"结合了行车线数量因素，划分的与道路的距离如下：

(1)拥有 1 条或 2 条行车线的干线道路，为 15m。

(2)拥有 2 条以上行车线的干线道路，为 20m。

另外，面向道路的地区是以距离道路 50m 以内的区域作为评价对象的。

4.3　居民对噪声的意识

本节根据生活环境调查数据的结果，大致描述居民对声环境的意识及看法，并且讨论居民意识与噪声暴露量之间的关系。

4.3.1　与声环境相关的居民反应

生活环境调查中，通过面谈的方式，向居民了解居住区周边的土地使用、居民(回答者)的属性、对噪声的日常反应等相关的问题[3]。表 4.7 中显示的是室内外噪声的"大小"、"嘈杂程度"等相关的问题及回答的选项。针对各个问题的回答，为了方便，分为阳性(+)、中性(0)、阴性(-)3 种，并进行了汇总，这里阳性表示居民对此持积极态度，阴性表示持消极态度。调查结果显示，室外噪声的"大小"(IA)、"干扰程度"(IC)、"嘈杂程度"(IB)、"对噪声的态度"(ID)相关的阳性反应的比例均占到了全市的约 30%，也就是说 3 人中有 1 人受到了噪声的影响。另外，室内噪声的"大小"(IIA)、"干扰程度"(IIC)相关的阳性反应的比例约减少了 20%，有关"睡眠影响"(III)的问题显示，约有 30% 的人承认受到了噪声的影响。

表 4.7　室内外声环境相关的提问项目

<u>室外</u>	IA：你认为你家周边的生活环境噪声大吗？	
	1. 大(+)　2. 普通(0)　3. 小(−)	
	IC：你对这样的噪声在意吗？	
	1. 非常在意(+)　2. 在意(+)	
	3. 不怎么在意(0)　4. 无所谓(−)	
	IB：你觉得你的住宅周边吵闹吗？	
	1. 非常吵闹(+)　2. 相当吵闹(+)　3. 吵闹(+)	
	4. 不怎么吵闹(0)　5. 安静(−)　6. 非常安静(−)	
	ID：你对这样的噪声有什么想法吗？	
	1. 应该降低(+)　2. 希望降低(+)	
	3. 不怎么在意(0)　4. 无所谓(−)	
<u>室内</u>	IIA：相比室外噪声，你认为家里的噪声更大吗？	
	1. 大(+)　2. 普通(0)　3.小(−)	
	IIC：你对这样的噪声在意吗？	
	1. 非常在意(+)　2. 在意(+)	
	3. 不怎么在意(0)　4. 无所谓(−)	
	III：有没有太吵睡不着，或是睡着又被吵醒的情况呢？	
	1. 经常(+)　2. 偶尔(+)　3. 几乎没有(−)	

4.3.2　地区类型与居民反应

本节将市区分为面向道路的地区(距离干线道路 20m 以内)、一般地区的 A 地区(简称一般 A 地区)及一般地区的 B 地区(简称一般 B 地区)3 类，针对居民对各地区噪声的阳性、中性、阴性反应的比例与噪声等级的对应状况进行分析。

1)室外噪声的"大小"

对居住区周边噪声的"大小"(IA)表现为阳性、中性及阴性反应的比例，根据不同的地区类型汇总的结果如图 4.7 所示。感觉室外噪声大的阳性反应的比例，一般 A 地区约为 20%，一般 B 地区约是一般 A 地区的 2 倍，达到了约 40%，面向道路的地区约是一般 A 地区的 3 倍，达到了约 60%，根据地区种类的不同，反应相差巨大。另外，感觉噪声小的人的比例，一般 A 地区约为 30%，虽然比阳性反应的比例高，但是面向道路的地区，觉得小的人仅有 10%，觉得干线道路周边噪声小的人更是寥寥无几。

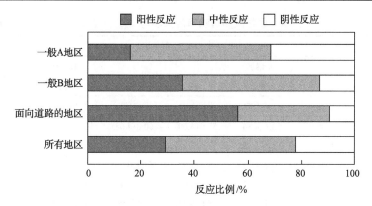

图 4.7 居住区周边噪声"大小"相关的居民反应

不同地区类型的各种反应集合在不同时间段的 L_{Aeq} 及 L_{A50} 的平均值及标准差如表 4.8 所示。一般 A、B 地区的阳性反应集合的 L_{Aeq} 等级大致相等，白天为 62～63dB，夜间为 53dB，两个地区的阴性反应集合的等级差为 1～2dB。阳性反应与阴性反应集合的等级差，面向道路的地区为 7～10dB，一般地区较小，为 3～4dB。一般 A 地区与一般 B 地区的 L_{A50} 的各反应等级差为 1～3dB。

对于面向道路的地区，阳性反应集合的 L_{A50} 比一般地区约高 10dB，但是阴性反应集合的 L_{A50} 与一般地区的等级差很小。各反应集合的 L_{Aeq} 与 L_{A50} 的平均等级差，一般 A 地区约为 10dB，一般 B 地区为 7～8dB，面向道路的地区白天为 6～7dB、夜间约为 10dB。

2) 噪声的"干扰程度"及"嘈杂程度"

对居住区周边"干扰程度"相关的各反应集合的比例，根据不同地区类型进行汇总的结果如图 4.8 所示。一般 A 地区的阳性反应（非常在意、在意）所占的比例为 24%，面向道路的地区为 48%，与噪声"大小"的情况相比，一般地区高出 8%，面向道路的地区低 8%。阴性反应的比例与噪声"大小"的调查情况相比，一般地区有些许减少。对与居住区周边噪声"干扰程度"相关的各反应集合的噪声等级进行分析，得出如下结论：

(1)阳性、中性、阴性反应集合的 L_{Aeq} 及 L_{A50} 的平均值与"大小"相关的各反应集合的值大致相等。

(2)与阳性反应相比，阴性反应中不同地区类型间的等级差较小。

(3) L_{Aeq} 的阳性反应与阴性反应间的等级差，一般 A 地区为 3～4dB，一般 B 地区为 2～3dB，面向道路的地区为 5～7dB，与"大小"的情况相比，等级差有缩小的倾向。

表 4.8　居住区周边噪声的大小与 L_{Aeq} 及 L_{A50}　　（单位：dB）

噪声等级	一般地区					
	A 地区			B 地区		
	大	普通	小	大	普通	小
	平均（SD）	平均（SD）	平均（SD）	平均（SD）	平均（SD）	平均（SD）
$L_{Aeq,24h}$	60.4（4.48）	58.1（4.84）	57.0（4.69）	60.8（4.68）	60.1（4.94）	58.2（4.44）
$L_{Aeq,M}$	58.6（5.68）	55.4（5.78）	53.7（5.28）	59.1（5.72）	57.8（5.62）	55.5（4.62）
$L_{Aeq,D}$	62.3（4.43）	60.2（4.92）	59.0（4.87）	62.9（4.70）	62.1（5.08）	60.4（4.73）
$L_{Aeq,E}$	59.3（5.31）	56.2（5.12）	54.5（5.67）	58.6（5.40）	58.1（5.61）	55.8（4.91）
$L_{Aeq,N}$	52.8（5.84）	50.7（5.99）	48.6（5.03）	53.2（5.93）	52.2（5.53）	50.1（5.09）
L_{dn}	63.0（4.81）	60.8（5.06）	59.4（4.48）	63.5（4.88）	62.7（5.00）	60.7（4.24）
样本数	163	540	325	202	291	76
$L_{A50,24h}$	49.3（5.20）	48.0（4.94）	45.1（3.90）	51.1（4.97）	49.6（4.35）	48.4（4.03）
$L_{A50,M}$	50.5（6.01）	48.1（5.85）	45.1（4.98）	51.5（6.04）	50.1（5.50）	48.6（4.40）
$L_{A50,D}$	53.4（5.49）	51.5（5.18）	48.4（4.23）	55.5（5.51）	53.4（4.79）	51.8（4.36）
$L_{A50,E}$	50.3（5.46）	48.6（5.11）	45.6（4.16）	50.6（5.29）	49.6（4.87）	48.6（4.25）
$L_{A50,N}$	43.2（5.47）	42.9（5.65）	40.4（4.69）	45.1（5.17）	44.2（4.94）	43.7（5.62）
样本数	109	314	161	134	173	50
噪声等级	面向道路的地区			所有地区		
	大	普通	小	大	普通	小
	平均（SD）	平均（SD）	平均（SD）	平均（SD）	平均（SD）	平均（SD）
$L_{Aeq,24h}$	66.7（5.67）	62.8（5.81）	59.6（5.70）	63.0（5.83）	59.4（5.31）	57.4（4.88）
$L_{Aeq,M}$	67.0（6.22）	62.0（6.82）	57.5（6.50）	62.1（7.10）	57.1（6.34）	54.4（5.42）
$L_{Aeq,D}$	68.5（5.61）	64.7（5.68）	61.7（5.78）	64.9（5.74）	61.4（5.35）	59.4（5.08）
$L_{Aeq,E}$	65.4（6.19）	61.3（6.74）	57.7（6.67）	61.5（6.50）	57.5（5.84）	54.9（5.72）
$L_{Aeq,N}$	61.5（6.34）	56.6（6.85）	52.4（5.75）	56.3（7.31）	52.0（6.33）	49.1（5.24）
L_{dn}	70.3（5.90）	66.0（6.13）	62.5（5.38）	66.0（6.28）	62.1（5.54）	59.9（4.67）
样本数	219	134	37	602	991	456
$L_{A50,24h}$	58.0（5.90）	53.9（5.43）	50.9（5.30）	52.7（6.44）	49.2（5.20）	46.4（4.56）
$L_{A50,M}$	59.7（6.83）	55.2（6.29）	52.1（5.34）	53.8（7.46）	49.6（6.21）	46.5（5.39）
$L_{A50,D}$	62.6（6.22）	58.1（5.95）	54.8（6.23）	57.1（6.90）	52.9（5.63）	49.7（4.98）
$L_{A50,E}$	59.3（6.50）	54.9（5.94）	51.6（6.50）	53.2（6.99）	49.7（5.57）	46.9（4.83）
$L_{A50,N}$	50.6（6.25）	47.4（5.40）	45.0（4.80）	46.3（6.39）	43.9（5.58）	41.6（5.27）
样本数	108	74	18	360	581	243

注：平均（SD）是指对各反应的噪声等级的平均值及标准差。

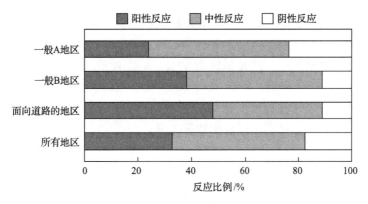

图 4.8　居住区周边噪声"干扰程度"相关的居民反应

(4)L_{A50} 的阳性反应与阴性反应间的等级差,一般地区的白天为 3~5dB,夜间为 2dB,面向道路的地区白天为 8dB,夜间为 5dB。

同样,有关居住区周边"嘈杂程度"的情况,一般 A 地区的阳性反应(非常吵闹、相当吵闹、吵闹)所占的比例为 19%,阴性反应(安静、非常安静)的比例为 40%,与噪声的"大小"及"干扰程度"相比,阴性反应的比例较高。

面向道路的地区阳性反应的比例高达 61%,阴性反应仅占 12%,并且"嘈杂程度"相关各反应集合的 L_{Aeq} 与 L_{A50} 的平均值在任何地区均与"大小"及"干扰程度"相关的各反应集合的值大致相等。

4.3.3　室内声音"大小"与"干扰程度"

本节对室内的声环境相关的调查结果进行分析,如图 4.9 所示。

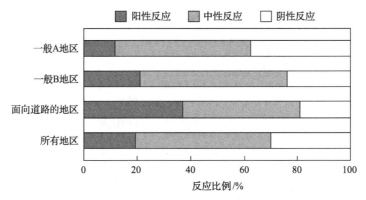

图 4.9　室内噪声"大小"相关的居民反应

与室内声音"大小"相关的阳性反应的比例，一般 A 地区为 11%，一般 B 地区为 21%，面向道路的地区为 37%，与室外的情况相比，约为其 1/2。另外，阴性反应的比例，一般 A 地区为 37%，一般 B 地区及面向道路的地区为 20%。

与室内声音"干扰程度"相关的反应中，各集合的比例尽管并不如"大小"的情况显著，但仍旧可以看出地区差异。

4.3.4 噪声对睡眠的影响

对于噪声对睡眠的影响，与其他城市一样，大约有 30%的人回答了"吵闹得睡不着，或是睡着了又被吵醒"。也就是说，3~4 人中有 1 人的睡眠受到了噪声的影响[7]。

对睡眠产生影响的具体噪声源及反应比例如图 4.10 所示。暴走族、摩托车、救护车所占的比例最高(34%)，其后的顺序依次是普通的汽车噪声(33%)、近邻噪声(18%)，普通的汽车噪声中，约一半指的是大型车辆的行驶噪声。不论如何，干扰噪声中约 70%都与道路交通噪声相关，另外一些突发的、断续的且特别的声(让人大吃一惊或感到不安的声)，主要是近邻之间引起的噪声。

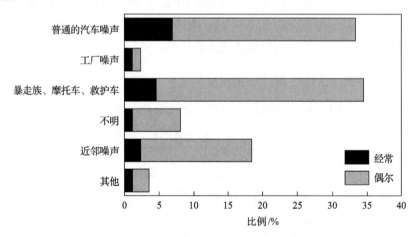

图 4.10　影响睡眠的噪声源的比例

影响睡眠的噪声中，通常以夜间(22:00~次日6:00)及早晨(6:00~8:00)时间段的问题最为严重。图 4.11 是"有干扰"的比例与居住区周边噪声等级($L_{Aeq,N}$、$L_{Aeq,M}$ 及相当于居住区周边的背景噪声等级(深夜的等级)$L_{Aeq(90),1/6h}$)的关系。从图中可以看出，居住区的背景噪声等级与夜间、早晨的 L_{Aeq} 超过

40dB 时，对睡眠的影响程度呈现出增大的趋势，在 55dB 时，达到了 40%。

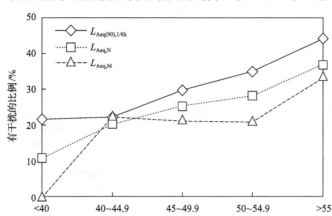

图 4.11　"有干扰"的比例与居住区周边噪声等级的关系

与附近道路的关系中，夜间交通量越大、大型汽车通过越多，对睡眠的干扰越大，这样的道路附近，约一半居民的睡眠都受到了影响。另外，土地使用中，在商业和工业地区，与独栋住宅相比，对集中住宅的影响更大。

通过 χ^2 检验，可知 $L_{\mathrm{Aeq(90),1/6h}}$、夜间的交通量、大型车辆行驶与居住地区影响的危险率达到了 1%，较为显著，但是并未发现与年龄及住宅形态因素间存在明显的关系(危险率 10%)。

4.4　居住区的噪声暴露量分析

居住区的噪声暴露量分析中，除了周边的道路、铁路、工厂等噪声源，还存在土地使用状况及住宅形态、附近的建筑物、季节等各种复杂的因素。明确各种因素的贡献度，有利于把握城市的声环境，对制定并颁布保护对策也是极为重要的。

本节采用多变量分析方法中的Ⅰ类统计理论，对居住区的噪声暴露量($L_{\mathrm{Aeq,24h}}$、L_{dn}、不同时间段的 L_{Aeq} 等)与相关各要素的关系进行分析，在抽取主要因素的同时，针对各种要素的贡献度进行探讨。Ⅰ类统计理论是一种通过 L_{Aeq} 等目标变量(测量值)进行分门别类的说明(诸项要素)的分析和合成方法，包含原始数据的分析有效。

首先针对居住区一天噪声暴露量的 $L_{\mathrm{Aeq,24h}}$ 的分析结果进行说明。对附近道路的交通量、与道路的距离、有无挡板、周边建筑物的密度、测量月份等相关的信息(数据)进行合理的分类[8]。对于 $L_{Aeq,24h}$ 与这些说明要素之间的关系，通过Ⅰ类统计理论求出结果，具体内容如图4.12所示。图中记载了分析得到的各因素的分类得分及 $L_{Aeq,24h}$ 与各要素间的偏相关系数。

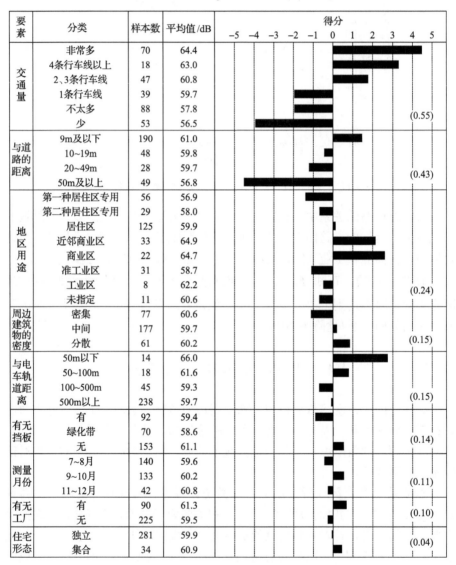

图4.12　通过Ⅰ类统计理论对 $L_{Aeq,24h}$ 进行分析的结果

括号内为偏相关系数，复相关系数 0.71

偏相关系数越大表明贡献度越高,可见居住区附近的道路交通量及与道路的距离是最重要的影响因素。众所周知,交通量越大,越接近道路,分类得分越高,这关系到噪声评价量的增加。分析居住区周边的土地使用(地区用途)的影响,商业地区的得分较高。虽然其他因素的贡献度并不是很高,但是每种因素的分类得分都显示出了极为自然的倾向。也就是说,距离电车轨道越近、位于工厂周边的地方、无挡板的情况、周边建筑物的密度越低,得分越高。其中,可以认为挡板和周边建筑物与隔声效果相关联。同样,对 L_{dn} 及不同时间段的 L_{Aeq} 进行了分析,汇总的结果如表 4.9 所示。对于任何噪声评价量,交通量的贡献度都是最大的,其次是与道路的距离,地区用途因素的贡献较为显著。工厂的贡献主要集中在白天,电车的贡献主要集中在白天以外的时间段。在某种程度上发现了住宅密度及挡板的影响,但是住宅形态的影响并不是很大。另外,测量月份对晚间及早晨的 L_{Aeq} 影响较大,9~10月的分类得分较高,认为这是秋天的虫鸣声引起的。

表 4.9　居住区噪声暴露量的 L_{Aeq} 与各种因素间的相关系数

评价量	偏相关系数									复相关系数
	交通量	与道路的距离	地区用途	周边建筑物的密度	与电车轨道距离	有无挡板	测量月份	有无工厂	住宅形态	
$L_{Aeq,24h}$	0.55	0.43	0.24	0.15	0.15	0.14	0.11	0.10	0.04	0.71
L_{dn}	0.56	0.38	0.24	0.11	0.18	0.20	0.18	0.05	0.03	0.70
$L_{Aeq,M}$	0.65	0.44	0.23	0.18	0.24	0.15	0.29	0.09	0.11	0.77
$L_{Aeq,D}$	0.53	0.45	0.25	0.17	0.13	0.11	0.05	0.14	0.05	0.70
$L_{Aeq,E}$	0.53	0.34	0.23	0.15	0.19	0.11	0.13	0.01	0.07	0.67
$L_{Aeq,N}$	0.54	0.28	0.23	0.08	0.20	0.21	0.28	0.00	0.05	0.67

通过道路(交通量、与道路的距离)及地区用途对白天的 $L_{Aeq,D}$ 等级的说明可知,测量月份及电车等对夜间 $L_{Aeq,N}$ 的影响也不容忽视。白天噪声等级的影响因素相对较少,而夜间噪声等级的影响因素较多。

4.5　对居民意识的分析

声环境相关的居民意识中,除了居住区噪声暴露量,还存在周边的道路及土地使用、住宅形态、个人的属性等各种各样的复杂因素。本节针对室内外噪声的"大小"、"干扰程度"、"对噪声的态度"等居民反应(表4.7)及与各要素的关系进行分析。

在数据的分析中,采用了Ⅱ类统计理论分析方法。基于不同类别的说明变量(含本质因素),划分不同的居民反应的集合,是求各变量贡献度时普遍采用的方法。

4.5.1 与室外噪声相关的居民意识

有关居民对室外噪声大小做出的反应IA(大、普通、小3种分类),采用Ⅱ类统计理论进行了分析。采用噪声暴露量(噪声评价量)、周边条件、住宅及居民区的属性等要素,分析室外噪声对居民反应的影响[9]。

图4.13中显示了各要素的分类、样本数及分析结果(分类得分、偏相关系数),记录了以道路(交通量、与道路的距离)作为主要因素的情况和采用$L_{Aeq,24h}$的情况两种分析结果。

在去除$L_{Aeq,24h}$的分析结果中,可以直观地从反应的偏相关系数中看出,与道路的距离的贡献非常大,接着依次是住宅形态、地区用途、与电车轨道距离等的影响。从分类得分为正时反应为大、分类得分为负时反应为小可知,交通量越大、越接近道路、与电车轨道距离越近,工业地区及集中住宅区(尤其是3层以上的住宅)的反应越强烈。分析结果的交通量相关比为0.71,这种分析相对来说较好。

在去除道路要素的分析中,$L_{Aeq,24h}$的贡献度最大,随着等级的增大,反应也呈现出增大的趋势,这些均可以从得分上反映出来。可以明显看出,55dB以下反应较小,64dB以上反应呈现出增大的趋势。其他要素(图4.13中的地区用途到有无工厂的5个要素)的贡献度情况大致与上述分析结果一致。对于居住区的噪声暴露量,采用$L_{Aeq,24h}$以外的评价量($L_{Aeq,M}$、$L_{Aeq,D}$、$L_{Aeq,E}$等)进行同样的分析,大致结果(诸要素与噪声大小的关系)如表4.10所示。在任一分析中,噪声评价量各主要因素的贡献度都呈现出按照地区用途、住宅形态、与电车轨道距离等顺序逐渐增大的趋势。

评价量(参照表4.10)中,$L_{Aeq,M}$、$L_{Aeq,1/6h}^{(50)}$及$L_{Aeq,1/6h}^{(90)}$与居民的反应对应得很好。也就是说,噪声等级剧烈变化的早晨时间段的$L_{Aeq,M}$及$L_{Aeq,1/6h}$与居民反应的对应关系非常明确。

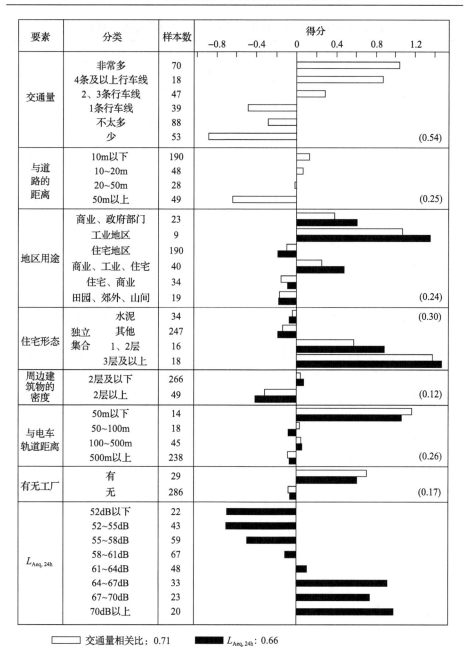

要素	分类	样本数	得分
交通量	非常多	70	
	4条及以上行车线	18	
	2、3条行车线	47	
	1条行车线	39	
	不太多	88	
	少	53	(0.54)
与道路的距离	10m以下	190	
	10~20m	48	
	20~50m	28	
	50m以上	49	(0.25)
地区用途	商业、政府部门	23	
	工业地区	9	
	住宅地区	190	
	商业、工业、住宅	40	
	住宅、商业	34	
	田园、郊外、山间	19	(0.24)
住宅形态	独立　水泥	34	(0.30)
	其他	247	
	集合　1、2层	16	
	3层及以上	18	
周边建筑物的密度	2层及以下	266	
	2层以上	49	(0.12)
与电车轨道距离	50m以下	14	
	50~100m	18	
	100~500m	45	
	500m以上	238	(0.26)
有无工厂	有	29	
	无	286	(0.17)
$L_{Aeq, 24h}$	52dB以下	22	
	52~55dB	43	
	55~58dB	59	
	58~61dB	67	
	61~64dB	48	
	64~67dB	33	
	67~70dB	23	
	70dB以上	20	

☐ 交通量相关比：0.71　　■ $L_{Aeq, 24h}$：0.66

图 4.13　各项噪声对室外噪声"大小"的贡献度

括号内数据是通过Ⅱ类统计理论方法进行分析的结果，为偏相关系数

表 4.10　各种因素对居住区周边噪声"大小"的贡献度(偏相关)

评价量	取值	要素					相关系数
		地区用途*	住宅形态	周边建筑物的密度	与电车轨道距离	有无工厂	
$L_{Aeq,24h}$	0.44	0.29	0.30	0.13	0.21	0.17	0.66
$L_{Aeq,M}$	0.57	0.30	0.30	0.12	0.18	0.20	0.72
$L_{Aeq,D}$	0.39	0.29	0.29	0.14	0.21	0.14	0.64
$L_{Aeq,E}$	0.43	0.31	0.29	0.14	0.20	0.17	0.66
$L_{Aeq,N}$	0.39	0.34	0.29	0.13	0.23	0.09	0.64
L_{den}	0.45	0.30	0.29	0.12	0.20	0.14	0.66
L_{dn}	0.41	0.29	0.28	0.11	0.21	0.13	0.64
$L_{Aeq,1/6h}^{(10)}$	0.47	0.28	0.30	0.12	0.19	0.17	0.67
$L_{Aeq,1/6h}^{(50)}$	0.57	0.30	0.29	0.13	0.16	0.18	0.72
$L_{Aeq,1/6h}^{(90)}$	0.51	0.27	0.27	0.10	0.25	0.13	0.69

*居民所回答的土地使用的实际情况(与行政区域存在些许差异)。

　　将居住区周边噪声"干扰程度"的在意程度分为 4 个层次(表 4.7 的 IC),采用Ⅱ类统计理论分析居民反应与诸要素的关系。与噪声"大小"相关的上述结果存在很多类似的方面,作为主要要素的道路或对噪声评价量的贡献度(偏相关系数)相对于"大小"高了几分贝,地区用途、住宅形态、与电车轨道距离等要素的贡献度也呈现出了些许的下降,与此相反,出现了飞机及季节、个人属性的影响。有关"干扰程度"的分析中,虽然考虑了更多的因素,但是相关比(分析精度)为 0.58~0.66,比"大小"的情况要低。与噪声的"大小"相比,从心理层面来讲,人们对"干扰程度"的反应更为复杂。

　　同样,对室外噪声的"嘈杂程度"及"对噪声的态度",通过Ⅱ类统计理论进行了分析。主要因素虽然都是道路(交通量、与道路的距离)或噪声评价量,但是对于"嘈杂程度"的问题,也存在地区用途及噪声源(工厂、建设作业等)的影响,"对噪声的态度"还存在季节的变化因素。关于分析的相关比(精度),"嘈杂程度"达到了 0.65~0.7,接近"大小"的情况,"对噪声的态度"为 0.5~0.6,比"干扰程度"的情况低,可以说居民反应更为复杂。

4.5.2　与室内声环境相关的居民反应

　　室内噪声"大小"相关的分析结果中,除了道路(交通量、预想因素)或

$L_{\mathrm{Aeq},1/6h}^{(90)}$，还存在噪声源(铁路、飞机)、家族构成、季节、挡板等的影响[9]。交通量越大(噪声等级越高)，噪声越呈现出"大"的趋势。尤其是从 $L_{\mathrm{Aeq},1/6h}^{(90)}$ 的角度来说，45dB 以下的噪声较"小"、55dB 以上的噪声较"大"的趋势较为显著。有关"干扰程度"，除了住宅形态的贡献度上升，主要因素及其他因素的贡献度均呈现出降低的倾向；各要素的贡献度较小，分析精度(相关系数)比"大小"的情况要低。

4.5.3　相关反应的关系

根据预测，认为与噪声"大小"及"干扰程度"等相关的居民反应之间存在密切的关系。表 4.11 是前述居民反应 IA～ID、IIA、IIC 及"睡眠影响"III(参照表 4.7)之间的相互关系。

表 4.11　各种居民反应间的相互关系

IA	IB	IC	ID	IIA	IIC	III	
1.00	0.72	0.73	0.63	0.57	0.50	0.29	IA
	1.00	0.63	0.76	0.50	0.48	0.32	IB
		1.00	0.68	0.54	0.59	0.34	IC
			1.00	0.46	0.54	0.33	ID
				1.00	0.72	0.29	IIA
					1.00	0.29	IIC
						1.00	III

根据 II 类统计理论及偏相关系数求出各反应分类间的分布结果。若要进行严格的分类，可将室内外的各种反应分成阳性(+)、中性(0)、阴性(–) 3 种，将"睡眠影响"分为阳性(有+)、阴性(无–)2 种，相互间关系的分布情况如图 4.14 所示。

从表 4.11 可以看出，室内的反应之间、室外的反应之间存在高度的相互关系，同时，室内外的反应之间也存在相互的对应关系。图 4.14 中，阳性、中性、阴性 3 个集合分离的现象非常明显，但是否会对睡眠产生影响及与其他反应的关系并不明显，与噪声的"大小"、"嘈杂程度"、"干扰程度"等显示出了差异。从分布图来看，存在干扰的部分与其他阳性反应群比较接近，无干扰的情况则与任何一个反应群之间都保持大致相等的距离(与中、阴性反应群的距离)。

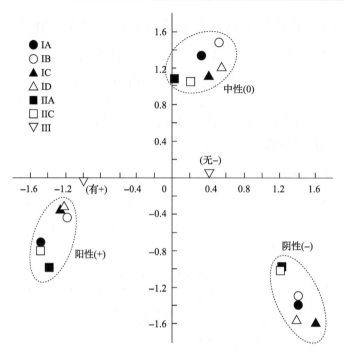

图 4.14　居民反应之间关系的分布图

4.6　居民对噪声反应的指标化

浅显易懂地表示出噪声的测量值(评价量)与居民反应间的对应关系是很有必要的,本节将采用统计理论及累积评定法等方法对居民反应进行指标化,求两者间的关系。

4.6.1　通过统计理论对居民反应进行指标化

通过Ⅱ类统计理论对居民反应进行分析,将噪声评价量的主要要素分类分别与居民反应密切对应,并计算出得分,同时,针对居民反应的各分类(回答的选项)求出平均得分。针对室外噪声大小进行分析,计算出的 $L_{Aeq,24h}$ 的分类得分如图 4.15 所示[10]。

$L_{Aeq,24h}$ 的得分随着等级上升而增加,对噪声反应的分类得分也按照"小"、"普通"、"大"的顺序增加,两者之间存在较强的正相关关系。以两者的得分为基础,按照下述步骤,求出各反应与各分类相对应的噪声评价量的值(等级)。

要素	分类	样本数	得分
$L_{Aeq,24h}$ 的等级	<52dB	53	
	52~54dB	61	
	54~56dB	105	
	56~58dB	111	
	58~60dB	121	
	60~62dB	116	
	62~64dB	69	
	64~66dB	70	
	66~68dB	46	
	68~70dB	40	
	70~72dB	37	
	>72dB	37	

图 4.15　针对室外噪声"大小"的主要因素 $L_{Aeq,24h}$ 的分类得分（根据 II 类统计理论）

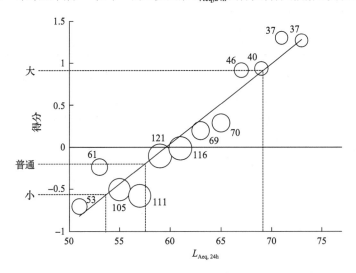

图 4.16　$L_{Aeq,24h}$ 与噪声"大小"分类得分之间的关系
○标识的"大小"对应的是图中的样本数

（1）按照分析结果（图 4.15），取横轴为评价量 $L_{Aeq,24h}$、纵轴为得分，画出成对的 L_{Aeq} 的区间代表值与分类得分的分布图，如图 4.16 所示。

（2）根据样本数对分布点进行加权平均，按照最小二乘法求出回归直线。

（3）通过该直线将各反应分类的平均得分换算成 $L_{Aeq,24h}$ 的值。

$L_{Aeq,24h}$ 与得分之间的相关系数非常大，通过两者的回归直线，可以看出得分与等级间的关系。求出与反应的"大"、"普通"、"小"所对应的 $L_{Aeq,24h}$

分别为 70dB、58dB、53dB（图 4.16）。"大"与"普通"之间约差 10dB，"普通"与"小"之间约差 5dB，各反应集合相互分离。

同样，求出对室内外声环境的各种反应与噪声评价量之间的关系（表4.12），各反应集合与噪声评价量的等级轴对应。由此可得到各种居民反应与噪声评价量（等级）之间关系的标尺（称为反应等级计）。

表 4.12　从居民反应的分析中得到的噪声评价量与得分之间的关系

居民反应		评价量									
		$L_{Aeq,24h}$	$L_{Aeq,M}$	$L_{Aeq,D}$	$L_{Aeq,E}$	$L_{Aeq,N}$	L_{dn}	L_{den}	$L^{(10)}_{Aeq,1/6h}$	$L^{(50)}_{Aeq,1/6h}$	$L^{(90)}_{Aeq,1/6h}$
室外	大小	0.95	0.94	0.94	0.94	0.93	0.92	0.91	0.92	0.98	0.94
	干扰程度	0.96	0.93	0.96	0.86	0.96	0.84	0.87	0.89	0.92	0.91
	嘈杂程度	0.97	0.94	0.94	0.96	0.96	0.96	0.96	0.96	0.97	0.94
	对噪声的态度	0.96	0.86	0.94	0.87	0.91	0.93	0.91	0.91	0.94	0.92
室内	大小	0.95	0.94	0.95	0.94	0.90	0.90	0.90	0.94	0.95	0.91
	干扰程度	0.95	0.87	0.92	0.87	0.93	0.88	0.83	0.90	0.94	0.84

图 4.17 是根据 1 天的等价噪声等级 $L_{Aeq,24h}$ 制作的反应等级计。从图中可以看出，55dB 以下时呈现阴性反应（□）、55～60dB 范围内呈现中性反应（△）、65dB 以上时呈现阳性反应（○），与提问事项无关，类似的反应分类大致处于

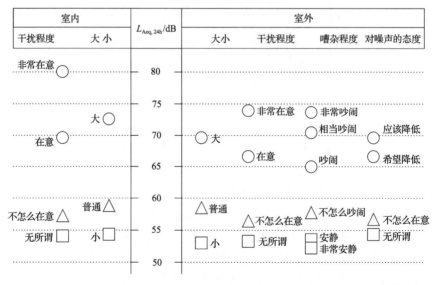

图 4.17　基于 $L_{Aeq,24h}$ 制作的反应等级计

同样的等级范围内，反应的情形（强度）以 5dB 或 10dB 的程度变化。另外，与"干扰程度"相关的室内阳性反应比室外阳性反应高 5～10dB。注意，噪声评价量 $L_{Aeq,24h}$ 显示的都是室外的值。

根据不同时间段（早晨、白天、晚上）的 L_{Aeq} 制作反应等级计。结果发现，当 L_{Aeq} 白天在 60dB 以下、早晨（晚上）在 55dB 以下、夜间在 50dB 以下时，人们对噪声呈现出中性或阴性反应，不会对日常生活造成影响。另外，在比这些值高出 10dB 的情况下，阳性反应会明显化，会产生居住环境方面的问题。

对于城市声环境的保护，自然希望噪声等级保持在中性反应和阴性反应的等级。退一步讲，也需要保持在中性反应和阳性反应的中间等级，就是 L_{Aeq} 白天在 65dB 以下、早晨（晚上）在 60dB 以下、夜间在 55dB 以下。如果用 L_{dn} 来表示，则分别在 60dB 以下及 65dB 以下。

4.6.2　通过累积评定法对居民反应进行指标化

累积评定法是对排序后的分类数据，按其累积频率套用正态分布函数，求出分类指标的标准得分，并确定分类间距离的方法。为了方便，各分类的重心采用标准得分表示，使用 0～1 规格化得分。

图 4.18 是针对提问项目（IA），通过累积评定法求出各反应的得分，计算得到的噪声评价量 $L_{Aeq,24h}$ 各等级的平均得分[11]。对于居住区周边的噪声，全部反应为"大"的情况下，该值为 1，全部反应为"小"的情况下，该值为 0。图中 50～70dB 范围内，得分呈直线增加，能够看出反应与等级之间的关系。"普通"所对应的等级为 60dB，55dB 以下反应为"小"，65dB 以上反应为"大"。

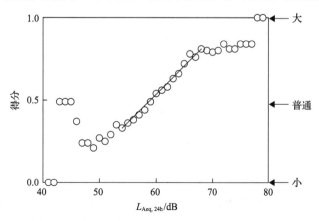

图 4.18　噪声"大小"（IA）对应的 $L_{Aeq,24h}$ 平均得分

由图 4.19 可知，对居住区周边噪声"干扰程度"(IC)的反应呈现出大致相同的关系。在 50~70dB 范围内，$L_{Aeq,24h}$ 与反应的平均得分之间呈现出直线形对应关系。与上述 IA 的情况相比，$L_{Aeq,24h}$ 的反应得分增加率较小，且超过 70dB 后，反应的差异增大，与等级的对应关系变差。观察干扰程度与 $L_{Aeq,24h}$ 的对应关系，可知在 57dB 以下时反应为"不怎么在意"或"无所谓"，超过 65dB 后反应曲线将向"在意"方向倾斜。结合上述对噪声"大小"(IA)因素的考虑，采用 $L_{Aeq,24h}$ 作为环境噪声的评价量，噪声等级在 55dB 以下时，居民对此几乎没有反应；而超过 65dB 时，反应变成阳性，较为强烈；在 60dB 附近时，居民普遍认为可以接受这样的声环境。

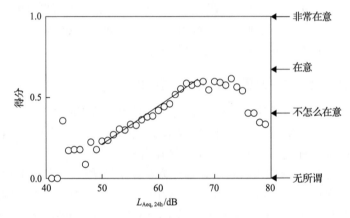

图 4.19　噪声"干扰程度"(IC)对应的 $L_{Aeq,24h}$ 平均得分

同样，早晨时间段 $L_{Aeq,M}$ 的等级与对噪声大小做出的反应得分之间也形成了良好的直线关系，50dB 以下的反应为"小"，57dB 时为"普通"，65dB 以上时呈现出"大"的趋势。在白天，$L_{Aeq,D}$ 在 53dB 以下时反应为"小"，60dB 时为"普通"，68dB 以上时呈现出"大"的趋势；而在夜间，$L_{Aeq,N}$ 在 42dB 时的反应为"小"，在 52dB 时为"普通"，超过 62dB 时为"大"。

4.6.3　通过系统工程法对居民反应进行指标化

在心理学领域经常使用的系统工程法是与刺激的辨别过程相关的基于概率模型的方法，可以对刺激及反应进行指标化的分析。实际的居民反应除了噪声等级，还受到各种因素(刺激)的影响。因此，先着眼于 $L_{Aeq,24h}$ 的等级问题，将所有样本以 5dB 为界，划分成 5 个集合，视同各集合内的样本受到同一刺激(暴露量)，根据集合内反应的累积频率，实现指标化。

　　针对室外噪声"大小"(IA)及"干扰程度"(IC)求出的指标值如图 4.20 所示。图中显示了噪声环境在心理上的各刺激(暴露量)与反应水平对应的位置。首先观察噪声的"大小"(IA),在该连续体上,刺激($L_{Aeq,24h}$)按照从左至右的顺序,从高等级向低等级分类排列。刺激间的距离分为两组,包括 70dB 以上与 65~70dB,以及 55~60dB 与 55dB 以下,该两组刺激与 60~65dB 大致呈相等的距离。对比反应间的分类水平后发现,"大"与"普通"的界限基本位于 65~70dB 及 60~65dB 这两组刺激的大致中央位置。也就是说,基本以 65dB 为界,反应从"普通"向"大"变化。"普通"与"小"的水平基本位于 55dB 以下刺激的稍微靠右的位置,由此看来,55dB 以下的反应为"小"或"小"以下。

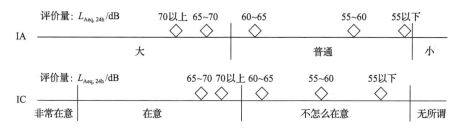

图 4.20　室外噪声的"大小"(IA)及"干扰程度"(IC)与 $L_{Aeq,24h}$ 的关系

　　然后对"干扰程度"(IC)进行分析,65~70dB 及 70dB 以上两个分类在心理连续体中的位置出现了些许的逆转,这是前面提到的高等级中的反应呈现出不稳定性(差异)的表现形式。如果将 2 个集合合并为 1 个刺激(65dB 以上),那么"在意"与"不怎么在意"的界限处于 65dB 以上与 60~65dB 两个刺激的中间位置,由此看来,$L_{Aeq,24h}$ 超过 65dB 时,居民反应会向"在意"的方向倾斜,在 55dB 以下时,会向"无所谓"的方向倾斜。

　　同样,求得早晨、白天、夜间的 L_{Aeq} 与室外噪声的"大小"(IA),结果显示白天的等价噪声等级 $L_{Aeq,D}$ 的各分类按照大小顺序在指标上大致呈等间隔排列,65~70dB 与"大"及"普通"的反应水平相对应,55dB 与"普通"及"小"的反应水平相对应。60dB 相当于夜间 $L_{Aeq,N}$ 的"大"与"普通"的水平,45dB 相当于"普通"与"小"的反应水平。早晨的 $L_{Aeq,M}$ 中,60~65dB 及 50dB 分别可以视为对应的反应水平。

　　通过这样的系统工程法,可以将居民反应与要素(暴露等级、干线道路的等级等)放在同一指标上,定量地研究两者之间的关系。

4.6.4 指标的比较

本节对上述三种指标化的结果进行比较。表 4.13 是根据各指标化结果导出的对应中性反应的等级、阴性反应成为优势的等级及阳性反应成为优势的等级。

表 4.13 室外噪声"大小"（IA）相关的指标化　　　　（单位：dB）

指标化的方法	L_{Aeq}	阴性反应	中性反应	阳性反应
Ⅱ类统计理论	$L_{Aeq,M}$	50～55	55	60
	$L_{Aeq,D}$	55～60	60	65
	$L_{Aeq,N}$	45～50	50	55
	$L_{Aeq,24h}$	55	55～60	60～65
累积评定法	$L_{Aeq,M}$	45～50	55～60	65～70
	$L_{Aeq,D}$	50～55	60～65	70
	$L_{Aeq,N}$	40～45	50～55	60～65
	$L_{Aeq,24h}$	50～55	55～60	65
系统工程法	$L_{Aeq,M}$	50	55～60	60～65
	$L_{Aeq,D}$	55	60	65～70
	$L_{Aeq,N}$	45	50～55	60
	$L_{Aeq,24h}$	55	60	65

可见，任一指标化的结果都大体一致。白天在 55dB 以下、夜间在 45dB 以下的情况下，阴性反应（"小"的反应）存在优势，白天在 65～70dB、夜间在 60dB 以上的情况下，阳性反应（"大"的反应）更为显著。中性反应显著的普通声环境白天的噪声等级为 60dB，夜间的噪声等级为 50dB 左右。

4.7 噪声量与居民反应分析及噪声的评价标准

噪声的评价标准有多种，而对于噪声量与居民反应，分析两者之间的关系是必不可少的[12-16]。本节采用的是通过各种方法对从名古屋市测量和调查数据中得到的噪声量与居民反应的关系进行分析的结果[14]。

参照以往环境标准中的地区类型，将市区划分为居住区（A 地区）、商业和工业地区（B 地区）。将 A、B 地区中距离干线道路不足 20m 的地区划分为"面向道路的地区"[6]，除此以外的地区作为"一般地区"，该划分方式与 1999 年颁布的新环境标准划分的地区类型不同（参照 2.2.2 节）。

4.7.1　基于累积频率分布的评价标准

在设定环境噪声的标准值时，参考了 EPA 规定的与对话及睡眠等影响相关的内容，以及伦敦和希思罗机场的社会调查结果。在日本的新干线环境噪声标准值设定中，将对新干线噪声的投诉率（回答受到了影响的居民比例）30%作为标准值。

本节参考与环境噪声评价标准相关的内容，首先针对居民区周边噪声"大"的阳性反应集合，画出 L_{Aeq} 的累积频率分布。图 4.21 显示了一般 A 地区中的阳性反应集合不同时间段的 L_{Aeq} 的累积频率分布[14]。从图中可以看出，累积频率是 30%时，对应的 $L_{Aeq,D}$ 值为 60dB，$L_{Aeq,M}$（$L_{Aeq,E}$）及 $L_{Aeq,N}$ 分别约为 55dB、50dB。求出不同地区类型、不同时间段阳性反应的 30%累积频率所对应的 L_{Aeq} 值作为标准值，并且考虑安全性因素，以 5dB 作为变动单位，结果如表 4.14 所示。各时间段内的一般 A、B 地区均不存在等级差，白天为 60dB、早晨和晚上为 55dB、夜间为 50dB，与新环境标准中商业和工业地区的标准值相等。

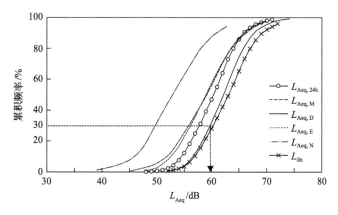

图 4.21　噪声"大小"相关的阳性反应集合的不同时间段 L_{Aeq} 等级分布（一般 A 地区）

另外，面向道路的地区噪声标准白天为 65dB、夜间为 60dB，比一般地区高出 5~10dB，与新环境标准中面向道路的居住区（B*地区）、商业和工业区（C*地区）的道路地区的规范值相等。

然后针对中性反应集合，以 50%作为 L_{Aeq} 的评价标准进行分析。50%的中性反应值是认为周围声环境正常的人群的代表等级，可以作为城市平均声环境的一个指标。表 4.15 是中性反应集合的不同地区类型、不同时间段的 50%累积频率对应的 L_{Aeq} 值，以 5dB 作为变动单位，结果与阳性反应集合的 30%

值(表 4.14)大致相同。

表 4.14　以 30%作为噪声"大小"的环境噪声评价标准　　　（单位：dB）

评价量	一般地区		面向道路的地区
	A 地区	B 地区	
$L_{Aeq,M}$	55	55	65
$L_{Aeq,D}$	60	60	65
$L_{Aeq,E}$	55	55	60
$L_{Aeq,N}$	50	50	60
$L_{Aeq,24h}$	55	55	65
L_{dn}	60	60	65

表 4.15　以 50%作为噪声"大小"的环境噪声评价标准　　　（单位：dB）

评价量	一般地区		面向道路的地区
	A 地区	B 地区	
$L_{Aeq,M}$	50	55	60
$L_{Aeq,D}$	60	60	65
$L_{Aeq,E}$	55	55	60
$L_{Aeq,N}$	50	50	55
$L_{Aeq,24h}$	55	60	60
L_{dn}	60	60	65

4.7.2　基于 AIC 的噪声量与居民反应分析及其评价标准

AIC(赤池信息量准则)是在统计学上表示实际的分布与模型得出的分布有多大程度接近的准则。对模型中包含的自有参数进行调整，可以得到最合理的范围。例如，以 AIC 为基础，为了使居民反应的分布(比例)与噪声评价量 L_{Aeq} 的对应达到最优，可以对 L_{Aeq} 的区间进行分割。这种情况下，L_{Aeq} 的分割点可以视为居民反应明显变化的等级，作为求评价标准时的标准。

图 4.22 显示的是以所有样本为对象,为了使自家住宅周边噪声的"大小"与 L_{Aeq} 的对应达到最优而对 L_{Aeq} 进行分割的一个例子。反应"大"、"普通"、"小"的比例与白天的 L_{Aeq} 值之间存在约 7dB 的明显差异(变化)。图中的反应率呈现不连续变化的等级(评价值)，读取阳性反应率在 20%、30%、50%及 70%时对应的等级。表 4.16 显示的是针对其他评价量实施同样的分析求出的对应等级。为了使表中的数值以 5dB 为变动单位，对数值做了四舍五入处理。

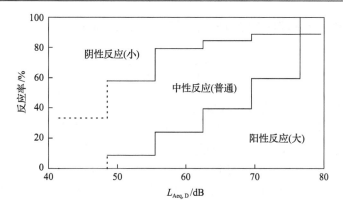

图 4.22 基于 AIC 对 $L_{Aeq,D}$ 进行的等级分割

表 4.16 根据 AIC 对等级实施的分割及阳性反应率(全市区) (单位：dB)

评价量	阳性反应率			
	<20%	20%～30%	30%～50%	50%～70%
$L_{Aeq,M}$	55→55	60→60	68→65	76→75
$L_{Aeq,D}$	57→55	63→60	70→70	77→75
$L_{Aeq,E}$	52→50	62→60	67→65	72→70
$L_{Aeq,N}$	48→45	55→55	62→60	69→65
$L_{Aeq,24h}$	55→55	61→60	70→70	75→75
L_{dn}	55→55	63→60	71→70	79→75

注：→右边的值表示以 5dB 为单位进行四舍五入处理的等级。

白天及夜间的 20%反应率对应的 L_{Aeq} 值(10 人中有 2 个人觉得室外噪声"大")分别为 55dB 及 45dB，该等级与新环境标准的一般居住区 A*、B*地区的标准值、WHO 的规范值[16]及日本外其他国家的各个居住区标准值[17]大体一致。

另外，30%反应率对应的 L_{Aeq} 值比上述结果高出了 5～10dB，白天为 60dB，夜间为 55dB。虽然超过了日本外其他国家的各个居住地区的标准值，但是在面向商业和工业地区及面向道路的地区，这是一个大致能够接受的等级。30%～50%反应率对应的 L_{Aeq} 值白天为 70dB、夜间为 60dB，考虑面向道路等地区的特征，该值可以视为标准值的界限。

4.7.3 基于隶属函数的分析及其评价标准

众所周知，随着噪声等级(评价量)的增加，区分阳性、中性、阴性的反应率曲线大致显示出 S 形的饱和特性。该曲线采用描述人口的增加、耐久耗材的普及率等发展过程的逻辑曲线，与下述公式类似：

$$y = \frac{1}{1 + a\exp(-bx)} \qquad (4.1)$$

式中，y 为反应率；x 为噪声评价量；a、b 为常数。

图 4.23 是室外噪声量与居民反应的关系(阳性反应率、阳性反应率及中性反应率与 $L_{Aeq,D}$ 的关系)适用于逻辑曲线的例子。但是，曲线两端的样本数目少、反应比例不稳定的情况除外。图 4.24 是从图 4.23 中得出的隶属函数曲线(各反应率与 $L_{Aeq,D}$ 的关系)。阴性反应集合的隶属函数 P_+、P_0、P_- 的和为 1。

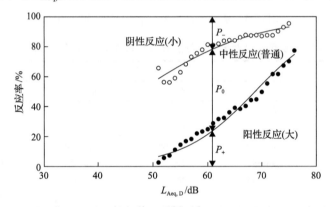

图 4.23　居民反应的近似逻辑曲线(整个市区)

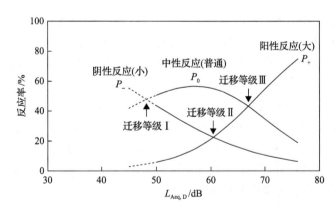

图 4.24　各反应集合的 $L_{Aeq,D}$ 的隶属函数曲线

关注各反应集合的隶属函数的交点(图 4.24)。阴性反应率与中性反应率、阴性反应率与阳性反应率、中性反应与阳性反应的各曲线交叉的等级分别作

为迁移等级Ⅰ、Ⅱ、Ⅲ,表 4.17 是基于隶属函数的评价标准(以 5dB 为单位进行四舍五入后的结果)。迁移等级Ⅱ是阴性、阳性两种反应率处于平衡时的等级,与反应率为 20%～25% 的等级相反,且与中性反应率最大时的等级大体一致。该等级的噪声白天为 60dB、早晨和晚上为 55dB、夜间为 50dB,与新环境标准中一般商业和工业地区(C^* 地区)的标准值相等。

表 4.17 基于隶属函数的评价标准(全市区)

评价量	迁移等级Ⅰ		迁移等级Ⅱ		迁移等级Ⅲ	
	噪声/dB	反应率/%	噪声/dB	反应率/%	噪声/dB	反应率/%
$L_{Aeq,M}$	<u><45</u>	<u>46</u>	55	23	65	44
$L_{Aeq,D}$	<50	48	60	22	65	43
$L_{Aeq,E}$	<u><45</u>	<u>47</u>	55	23	60	43
$L_{Aeq,N}$	40	44	50	23	55	46

注:下限值为参考值(表中有下划线的值,由样本不足导致)。

与迁移等级Ⅰ、迁移等级Ⅲ相对应的反应率均约为 45%。迁移等级Ⅰ以下的部分为阴性反应具有优势的区域,白天噪声在 50dB 以下,夜间在 40dB以下。

迁移等级Ⅲ以上的部分为阳性反应具有优势的区域,白天噪声为 65dB,夜间为 55dB,与新环境标准中面向道路地区的规范值大致相等,处于各国道路噪声标准值的范围内(表 4.19)。

4.8 环境标准评价相关的探讨

4.7 节通过各种方法对环境噪声实施了噪声量与居民反应分析,导出了相应的标准值。本节将这些标准值与日本国内新环境标准、WHO 规范及日本国外标准等进行比较。

4.8.1 评价标准间的比较

4.7 节通过下述三种方法求出了环境噪声的评价标准:

(1)针对室外噪声"大小"相关的阳性反应集合,给出不同地区类型的噪声评价量 L_{Aeq} 的累积频率分布,读取反应率 30% 对应的值作为评价标准。

(2)通过 AIC 分析 L_{Aeq} 与噪声"大小"相关的阳性、中性、阴性反应率之间的关系,读取反应率出现明显变化的阳性反应率 20% 所对应的等级作为居住区的评价标准，抽取50%对应的等级作为面向道路地区的评价标准。

(3)求出 L_{Aeq} 反应集合的隶属函数，以阴性反应与阳性反应相冲突的等级作为居住区的评价标准，中性反应与阳性反应相冲突的等级作为面向道路地区的评价标准。

通过上述方法得到一般居住区的噪声标准值如表4.18所示，面向道路地区的噪声标准值如表4.19所示。一般地区白天的噪声评价标准为55～60dB，早晨和晚上为50～55dB，夜间为45～50dB，不同分析方法引起的差异非常小。面向道路地区白天的噪声评价标准为65～70dB、早晨和晚上为60～65dB、夜间为55～60dB，比一般居住地区高出约10dB，不同分析方法得出的标准值基本相同，这些标准值也与WHO及日本国外的标准值大体一致。

表4.18　一般地区的噪声标准值(评价量 L_{Aeq})　　　(单位：dB)

时间段	基于本研究的评价标准			日本国内新环境标准	WHO规范	日本国外标准
	累积频率分布*	AIC	隶属函数			
白天	60	55	60	55	55	45～55
早晨和晚上	55	50～55	55	55	—	40～50
夜间	50	45	50	45	45	35～45

* 去除距离干线道路20m以内区域的居住区。

表4.19　面向道路地区的噪声标准值(评价量 L_{Aeq})　　　(单位：dB)

时间段	基于本研究的评价标准			日本国内新环境标准	日本国外标准	
	累积频率分布*	AIC	隶属函数		新设道路	现有道路
白天	65	70	65	60～70	50～70	60～75
早晨和晚上	60～65	65	60	(60～70)	—	—
夜间	60	60	55	55～65	40～60	50～65

* 距离干线道路20m以内的地区。

4.8.2　基于居民反应指标化的评价标准

4.6节采用各种方法得出了居民反应的指标化得分，并研究了其与 L_{Aeq} 的对应关系，划出了阴性反应与阳性反应具有优势的地区。表4.20是相关的汇总结果，可以作为设定噪声标准值时的参考。

作为环境噪声的标准值，居民感觉到室外噪声"小"的阴性反应最好低于优势地区的标准，而居民感觉到室外噪声"大"的阳性反应最好超过优势地区标准值的允许范围。因此，如表4.20所示，将白天的噪声标准值下限设定为 50~60dB, 上限设定为 65~70dB, 夜间的噪声标准值下限设定为 40~50dB, 上限设定为 55~65dB 是比较合理的。

表 4.20　居民对噪声指标化分类等级　　　　　　　(单位: dB)

评价量	阴性反应和中性反应			中性反应和阳性反应		
	Ⅱ类统计理论	累积评定法	系统工程法	Ⅱ类统计理论	累积评定法	系统工程法
$L_{Aeq,M}$	50~55	45~50	50	60	65~70	60~65
$L_{Aeq,D}$	55~60	50~55	55	65	70	65~70
$L_{Aeq,N}$	45~50	40~45	45	55	60~65	60

噪声量与居民反应分析求出的上述标准值, 一般地区白天噪声为 55~60dB、夜间为 45~50dB, 面向道路的地区白天噪声为 65~70dB、夜间为 55~60dB。将这些值与基于居民反应指标化的结果(表 4.20)比较, 发现一般地区与下限值、面向道路的地区与上限值大概相对应。

4.8.3　与基于强烈反应标准值的对应关系

在社会调查中得出的居民反应与噪声量的关系, 通常受居民属性及声源利害关系等的影响。排除噪声以外的要素, Schultz 的综合曲线社会调查通常以强烈反应作为对象来研究噪声量与居民反应的关系。从这个观点出发, 名古屋市区调查数据的"嘈杂程度"与 L_{dn} 之间的关系如图 4.25 所示。对室外噪声"嘈杂程度"相关的问题, 自"非常吵闹"到"非常安静", 分为 6 个阶段进行了评价(表 4.7)。图中显示的是对于居住区噪声暴露量的 L_{dn} 回答"(1)非常吵闹"的比例(上部 1 阶段的反应率)、回答"(2)相当吵闹"的比例(上端 2 阶段的反应率)及回答"(3)吵闹"的比例(上部 3 阶段的反应率)的分布。图中的实线是沿趋势线画的近似曲线, 虚线是 Schultz 根据欧美各国实施的大量社会调查结果画出的强烈反应率与 L_{dn} 的平均关系的综合曲线[16]。可见, 55dB 下的反应率, 对应的 3 阶段(1+2+3)为 15%、对应的 2 阶段(1+2)为 2%、对应的 1 阶段(1)为 0%, 自家住宅周边的噪声 L_{dn} 在 55dB 以下时, 觉得"非常吵闹"的人几乎没有; 同样 60dB 的反应率分别为 29%、7%、2%, 70dB 的反应率为 60%、22%、10%。"嘈杂程度"相关的上部 2 阶段的反应率与 L_{dn} 的关系, 和"干扰程度"相关的 Schultz 强烈反应曲线非常一致。

根据上述结果, 将"嘈杂程度"相关的 6 阶段评价的上部 2 阶段(1+2: 非常吵闹+相当吵闹)作为强烈反应。强烈反应与白天及夜间的 L_{Aeq} 的关系如图 4.26 所示。

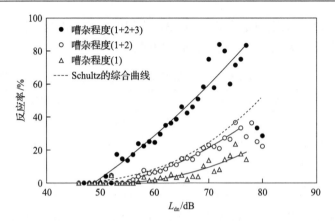

图 4.25 "嘈杂程度"的评价阶段及反应率

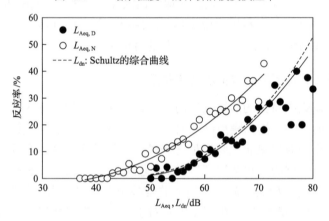

图 4.26 L_{Aeq} 与"嘈杂程度"强烈反应率的关系

由此可知一般地区的环境噪声标准值(白天 55～60dB,夜间 45～50dB)对应的强烈反应率为 3%～8%,面向道路地区的标准值(白天 65～70dB,夜间 55～60dB)对应的强烈反应率为 14%～23%。

4.8.4 日本国内外环境噪声标准的比较

WHO 根据科学的分析,提出了建议性的噪声规范值,同时还考虑经济、政治上的判断,设定相应的标准:以 L_{Aeq} 为评价量,对于环境噪声的建议值,白天为 55dB、夜间为 45dB。

在一般地区实施的环境噪声评价中,对 L_{Aeq} 及向 L_{Aeq} 加入补偿的噪声评价等级 L_{Ar} 应用广泛,白天的标准值为 45～55dB,夜间为 35～45dB。另外,较多国家将道路交通噪声按现有道路及新建道路分别设定标准,现有道路的

L_{Aeq} 的白天标准值为 65～75dB，夜间为 50～65dB，新建道路的 L_{Aeq} 白天的标准值为 50～70dB，夜间为 40～60dB。但是，这些标准值相关的噪声测量方法、法律强制力及目的实现的方法等存在很多不明确的地方，不能单纯地进行数值的比较[17,18]。

另外，日本长期以来都是采用 L_{A50} 作为环境噪声的标准值[18]，对评价方法修正以后新设了 L_{Aeq} 作为环境标准值，并于 1999 年 4 月开始实施。从对名古屋市区的噪声量与居民反应分析中导出的环境噪声评价标准可知，一般 A 地区白天的噪声标准值为 55～60dB，夜间为 45～50dB，略微高出日本国外标准。对于不确定的分析结果，从保护环境的角度出发，在上述评价标准的基础上设定了更为严格的低于上述标准值 5dB 的标准。这种情况下，一般地区白天的噪声评价标准为 50～55dB，夜间为 40～45dB，与 WHO 及日本国外的标准一致。同样，对于面向道路的地区，白天的噪声评价标准为 65～70dB，夜间为 55～60dB，处于各国现有道路标准值的范围内，从保护环境的立场来看，对于新设道路，希望设置低 5～10dB 的标准值。

4.8.5　标准值设定相关的思考方式

噪声量和居民反应的对应关系与噪声的规范值及标准值的设定密切相关，然而怎样设定并不是很明确，本节将居民对噪声的反应分为阴性反应、中性反应、阳性反应 3 种，以阴性反应及中性反应优势地区作为允许范围研究标准值，并划分为期望地区、标准地区及上限地区。其中，标准地区是指阴性反应与阳性反应对抗，中性反应率达到峰值的地区；期望地区是指中性反应为优势却处于阴性反应的地区，虽然中性反应为优势，但将强烈反应作为允许范围的上限。在设定噪声的评价标准时，是否能够忍受城市声环境的现状，结果大不相同。如果能够容忍，则可用上述地区的标准值为基础设定相关的环境噪声标准值；如果是以改善声环境为目的，则应该将期望值作为基础。

着眼于强烈的阳性反应（强烈反应），反复进行标准值的调整，这种情况下就不会出现强烈反应，即便出现也是以反应率 10%～20%为指标的[19]。

4.9　环境标准的实现状况与居民反应

如第 2 章中所述，通过对《噪声相关的环境标准》的修订，大幅度变更了噪声的评价量、标准值、时间段划分、地区类型等内容。根据对名古屋市实施的 L_{Aeq} 及 L_{A50} 的测量数据及居民的问卷调查，本节对新旧环境标准值的对应、环境标准的实现状况及与居民反应的关系进行大致的说明。

4.9.1　环境标准值 L_{Aeq} 与 L_{A50} 的对应关系

新旧环境标准的比较如表 2.10 所示,两者最大的不同在于,标准的噪声评价量由 L_{A50} 变为 L_{Aeq}。考虑实现率的因素,对重要的地区类型也进行了大幅度的变更。旧标准中,以一般地区为标准,设定地区类型及标准值;新标准值以"道路"为交点,实施地区类型与标准值的设定。

旧标准中,将一般地区分为 3 种类型,将面向道路的地区划分为 4 种类型。对于面向道路的地区,根据道路噪声的影响及波及的范围,并没有明确的规定,很多民间团体在道路界线以内实施了噪声测量。其中,距离干线道路 20m 以内的地区为面向道路的地区,其他指的是一般地区。

新标准中引入了"接近干线道路的空间"(附近空间)这一概念,在 2 条及以上行车线的情况下指的是干线道路沿路 20m 以内的地区,在 1 条行车线的情况下指的是沿路 15m 以内的地区。面向道路的地区是指包含上述接近干线道路的空间的受道路交通噪声干扰的地区,由于噪声波及的范围受道路构造及沿线状况影响,一律将它们设置成统一的模式并不合理。《噪声相关的环境标准评价手册》[20]中,距离干线道路 50m 以内的地区被指定为道路交通噪声的评价对象地区,本节将距离干线道路 50m 以内的地区作为新标准中面向道路的地区;结合土地使用情况,设定了地区类型所对应的标准值。结合地区的用途,将专用于居住的地区作为 A* 地区,居住地区作为 B* 地区,商业和工业区化地区为 C* 地区,并进一步根据行车线数目对地区进行划分,设定标准值。新旧两标准中地区类型的比较如图 4.27 所示。

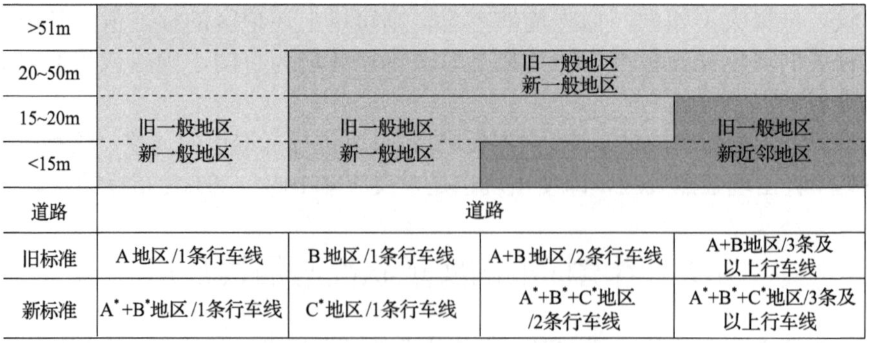

>51m				旧一般地区	
20~50m				新一般地区	
15~20m	旧一般地区		旧一般地区		旧一般地区
<15m	新一般地区		新一般地区		新近邻地区
道路	道路				
旧标准	A 地区/1条行车线		B 地区/1条行车线	A+B 地区/2条行车线	A+B 地区/3条及以上行车线
新标准	A*+B* 地区/1条行车线		C* 地区/1条行车线	A*+B*+C* 地区/2条行车线	A*+B*+C* 地区/3条及以上行车线

图 4.27　新旧环境标准中的地区类型

在比较新旧环境标准时,向原本单独的地区类型分配调查样本,研究两标准值的对应状况。但是由于地区类型不同,样本数存在偏差,在样本较少的情况下,结果会不稳定。因此,本节使用名古屋市的所有测量样本,对两个标准值进行比较。由于旧标准中早晨、白天和晚上的时间段相当于新标准中白天的时间段,以下将把旧标准中早晨、白天和晚上的时间段包含在内进行处理。求两环境标准的 L_{Aeq} 与 L_{A50} 的关系有很多种方法,下面以测量调查数据为主,求两者的累积频率分布,并进行比较。

图 4.28 是针对所有样本测量的与白天及夜间的测量值(L_{A50} 及 L_{Aeq})相关的累积频率分布。若将 A*+B* 地区白天的新环境标准值 55dB 套入 $L_{Aeq,D}$ 的累积频率曲线,则累积频率为 23%,而与其对应的 $L_{A50,D}$ 值为 47dB。面向道路的 B*+C* 地区的 $L_{Aeq,D}$ 标准值为 65dB,累积频率为 85%,对应的 $L_{A50,D}$ 值为58dB。同样,对于夜间的时间段,通过累积频率分布将 L_{Aeq} 的标准值换算成 L_{A50} 值,可以同时求出新旧环境标准,如表 4.21 所示。

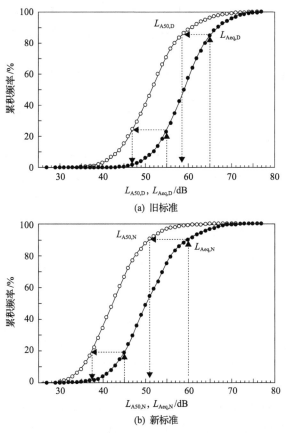

图 4.28　基于噪声等级分布的新旧环境标准的比较

表 4.21　新环境标准值及旧环境标准值的比较(根据噪声等级分布)

地区类型(新标准)	一般地区				面向道路的地区					
	A*+B*地区		C*地区		A*地区		B*+C*地区		附近空间 K*	
					2 辆及以上		3 辆及以上			
时间段	白天	夜间	白天	夜间	白天	夜间	白天	夜间	白天	夜间
新环境标准值	55dB	45dB	60dB	50dB	60dB	55dB	65dB	60dB	70dB	65dB
标准值的累积频率	23%	20%	58%	49%	58%	75%	85%	90%	96%	97%
新标准值的 L_{A50}	47dB	38dB	53dB	42dB	53dB	47dB	58dB	51dB	65dB	55dB
旧环境标准值	50dB	40dB	60dB	50dB	50～60dB	40～50dB	50～65dB	40～60dB	55～65dB	45～60dB
新标准值 L_{A50} 与旧标准值 L_{Aeq} 的比较	−3dB	−2dB	−7dB	−8dB	3～−7dB	7～−3dB	8～−7dB	11～−9dB	10～0dB	10～−5dB

　　从表 4.21 来看,新环境标准的一般地区中,A*+B*地区、C*地区的换算值均较旧环境标准值(A 地区、B 地区)低 2～8dB,尤其是 C*地区存在 5dB以上的差值。另外,新标准中面向道路的地区,相当于旧标准中的一般地区及面向道路的地区,与这些标准进行了比较。A*地区与 B*+C*地区的新标准的换算值,与旧标准值(一般地区与面向道路的地区间的值)大概相等。干线道路附近空间相当于旧标准的面向道路的地区,换算值不论昼夜都高于旧标准值。

　　上述 L_{A50} 及 L_{Aeq} 的累积频率分布图(图 4.28)中,与 L_{A50} 相关的旧标准值换算成 L_{Aeq} 后,可以与新标准值进行比较。从这些结果来看,新标准值与旧标准值相比,一般地区较为苛刻,面向道路的地区较为宽松。

4.9.2　环境标准的完成状况

　　《噪声相关的环境标准》中对地区进行分类,设定每一个时间段的标准值。日本民间团体对降噪状况进行了调查,并将此作为环境监控的一个环节。旧标准中,根据道路噪声影响的有无、道路的行车线路数及地区用途,将市区划分为 6 类,在此结合样本数,不区分行车线路数,将市区划分为 A 地区(居住区)、B 地区(商业和工业区)、面向道路的地区(距离干线道路 20m 以内)及一般地区 4 种。根据地区类型设定的测量地点样本数如表 4.22 所示。面向道路的地区中,根据行车线路数设定了多个标准值。新标准中,将面向道路的地区划分为 A*地区(居住地区)、B*+C*地区(居住区+商业和工业区)及干线道路附近空间 3 类,加上一般 A*+B*地区(居住区)及一般 C*地区(商业和工业区)2 类, 共 5 类, 各类型的样本数如表 4.23 所示。

表 4.22 旧环境标准中不同地区的样本数

地区类型		一般地区		面向道路的地区		所有地区
		A 地区	B 地区	A 地区	B 地区	
样本数		611	357	93	111	1172
完成地点数	白天	289	329	41.5	83	742.5
	夜间	264	325	49.5	102	740.5

表 4.23 新环境标准中不同地区的样本数

地区类型		一般地区		面向道路的地区			所有地区
		A^*+B^*地区	C^*地区	A^*地区	B^*+C^*地区	附近空间 K^*	
样本数		486	21	48	409	215	1179
完成地点数	白天	130	15	23	351	177	696
	夜间	119	7	32	377	180	715

从新环境标准可以看出, 一般地区的样本减少, 面向道路的地区样本大幅增加。根据表 4.22 和表 4.23, 求新旧环境标准下的完成率与接受率, 如图 4.29 和图 4.30 所示。

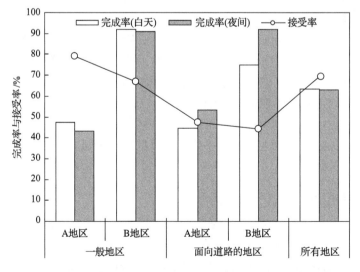

图 4.29 旧环境标准的完成率(白天和夜间)及声环境接受率

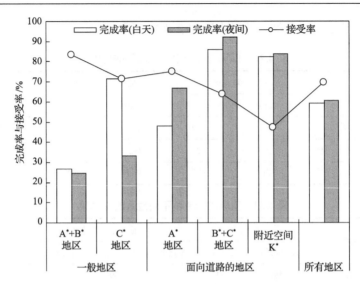

图 4.30　新环境标准的完成率（白天和夜间）及声环境接受率

在旧标准下，一般地区（A 地区）、面向道路的地区（A 地区）的完成率均为 40%～50%，一般地区（B 地区）、面向道路的地区（B 地区）的完成率达到了 70%～90%，市区所有地区的完成率约为 60%。

在新标准下，一般地区中，A*+B*地区的完成率仅为 20%～30%，C*地区的完成率白天约为 70%，夜间约为 30%，昼夜差较大，但是由于样本少，得到的结果并不稳定。

另外，面向道路的地区中，A*地区的完成率为 50%～70%，B*+C*地区、干线道路附近空间完成率较高，超过了 80%，所有地区新环境标准的完成率与旧标准大概相等，约为 60%。两个标准中，面向道路的地区夜间的完成率与一般地区白天的完成率有逐渐升高的趋势。

综上所述，两个环境标准下市区所有地区的完成率虽然没有差异，但是与新标准中面向道路地区的完成率逐渐上升的状况相反，一般地区的完成率有逐步下降的趋势。

4.9.3　与居民声环境意识相对应的关系

本节针对环境标准的完成状况及居民的声环境意识之间的关系进行研究。图 4.29 显示的是旧标准的完成率，以及不同地区类型中对周边噪声回答"普通"或"小"的居民的比例，该比例用○表示，可以将其视为大概能接受当前声环境的类型。

旧环境标准中,一般地区中 A 地区的完成率约为 50%,该地区约 80%的居民能够大体上接受周边的环境;B 地区的完成率约为 90%,虽然很高,但是声环境的接受率仅约为 70%。

另外,面向道路的地区中 A 地区的完成率与接受率均约为 50%;B 地区的完成率虽然较高,达到了 75%～90%,但是声环境的接受率却低于 50%。对于市区整体而言,约 70%的居民能够接受当前的声环境。

虽然一般地区的完成率不足 30%,但是 A*+B*地区对声环境状况的接受率却超过了 80%,C*地区均超过了 70%。另外,面向道路的地区中,A*地区的完成率为 50%～65%,接受率大概为 75%;B*+C*地区及干线道路附近空间的完成率虽然超过了 80%,但是居民的接受率却很低,干线道路附近空间甚至低于 50%。可见,《噪声相关的环境标准》的完成率与居民的声环境意识间出现了相当大的偏离。

图 4.31 中,将人群划分为接受周边声环境的人群(接受人群)与不接受周边环境的人群(不接受人群),显示了新环境标准的完成状况。

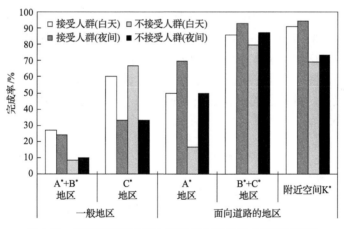

图 4.31 声环境接受人群与不接受人群的完成率(新标准)

居民接受率主要有如下特点:

(1)即便是接受人群,一般地区中 A*+B*地区的完成率也不足 30%,非常低。

(2)即便是不接受人群,面向道路的地区中 B*+C*地区及干线道路附近空间 K*的完成率也高达 70%～80%。

(3)接受人群与不接受人群的完成率并不存在差异。

具体原因如下:

(1)一般居住地区的标准值较为苛刻。

(2)干线道路附近空间及面向道路的地区中 B*+C* 地区的标准值较为宽松。

由此看来，可以尝试着将一般地区中 A*+B* 地区的标准值设置为高 5dB，干线道路附近空间及面向道路的地区中 B*+C* 地区的标准值设置为低 5dB（苛刻）。

对标准值进行如上所述的重新设定后，结果就与地区类型实现了统一，距离干线道路 20m 的地区可作为干线道路附近空间，距离道路 50m 的地区可作为面向道路的地区，距离道路 50m 以上的地区可作为一般地区。将地区类型单纯地分为 3 种类型，白天各个标准值间的差为 5dB，夜间各个标准值间的差为 10dB（表 4.24）。

表 4.24　考虑居民反应要素的地区类型及标准值　（单位：dB）

地区类型	白天	夜间
一般地区	60	50
面向道路的地区	60	55
附近空间	65	60

将各地区与表 4.24 中的标准值对应，求得的标准完成率及周边声环境的接受率如图 4.32 所示。与图 4.30 中的完成率相比，一般地区的完成率上升，面向道路的地区的完成率下降，完成率实现了平均化，改善了与接受率之间的对应关系。图 4.33 是将地区划分为 3 个类型时标准值的完成率与居民对声环境的接受率。各地区的完成率在 60% 左右，与接受率（50%～80%）之间的偏离度缩小了。

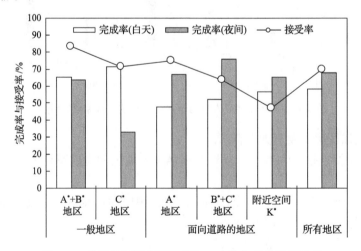

图 4.32　各类地区提案标准（表 4.24）的完成率及接受率

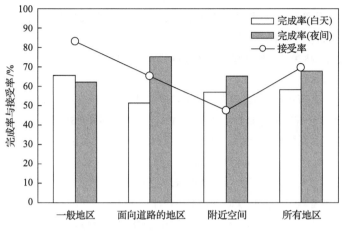

图 4.33　基于表 4.24 的完成率及接受率

为了协调完成率与居民意识之间的关系，构筑更好的环境标准，希望能够重新探讨地区的划分及标准值的确定，进一步进行探讨及调查研究。

参 考 文 献

[1] M.Omiya, K.Kuno, Y.Mishina, Y.Oishi and A.Hayasi, "Comparison of Community Noise Ratings by L_{A50} AND L_{Aeq}", J. Sound Vib. 205(4), pp.545-554(1997).

[2] 大宮正昭, 久野和宏, 三品善昭, 大石弥幸, 林顕效, "都市環境騒音の実状と評価－L_{A50} と L_{Aeq} の比較－", 信学技報 EA96-18(1996).

[3] 久野和宏, 今泉勤, 武田一哉, 奥村陽三, 鄭大瑞, 大石弥幸, 林顕效, 池谷和夫, 三品善昭, "名古屋市域における住居の環境騒音暴露量に関する研究", 日本音響学会誌 40(6), pp.388-396(1984).

[4] 鄭大瑞, 武田一哉, 久野和宏, 池谷和夫, "都市内住居の騒音暴露量に関する分析", 日本音響学会誌 40(8), pp.546-553(1984).

[5] 久野和宏, 大原康司, 武田一哉, "道路に面する地域について", 騒音制御 10, pp.40-43(1986).

[6] 久野和宏, 大石弥幸, 三品善昭, 林顕效, "再び『道路に面する地域』について", 騒音制御 13, pp.338-342(1989).

[7] 鄭大瑞, 久野和宏, 池谷和夫, "名古屋市域における睡眠妨害の実態とその分析", 日本音響学会誌 40(11), pp.730-735(1984).

[8] 久野和宏, 大石弥幸, 林顕效, 三品善昭, "住環境騒音－名古屋市域の実態と住民意識－", 騒音制御 9, pp.296-300(1985).

[9] 鄭大瑞, 久野和宏, 池谷和夫, "都市環境騒音に対する住民反応の分析", 日本音響学会誌 40(7), pp.475-486(1986).

[10] 大原康司, 林顕効, 久野和宏, "住環境騒音の Leq による評価", 騒音制御 11, pp.98-102(1987).

[11] 武田一哉, 久野和宏, 池谷和夫, "住環境騒音暴露パターンの解析と住民反応の尺度化に関する研究", 日本音響学会誌 41(12), pp.870-876(1985).

[12] 難波精一郎, 桑野園子, "種々の変動音の評価法としての Leq の妥当性並びにその適用範囲の検討", 日本音響学会誌 38(12), pp.774-785(1982).

[13] 平松幸三, 若狭宏, 高木興一, 山本剛夫, "変動騒音のうるささ(Leq の妥当性について)", 日本音響学会誌 34(11), pp.641-649(1978).

[14] 大宮正昭, 久野和宏, 三品善昭, 大石弥幸, 林顕効, 奥村陽三, "L50 及び Leq に基づく環境騒音の評価方法に関する研究", 日本音響学会誌 55(2), pp.100-109(1999).

[15] K.Kuno, A.Hayashi, Y.Oishi, Y.Mishina, "A consideration of environmental quality standards for noise in Japan", J. Sound Vib. 127, pp.565-572(1988).

[16] T.J.Schultz, "Synthesis of social surveys on noise annoyance", J.Acoust.Soc.Am. 64(2), pp.377-405(1978).

[17] D.Gottlob, "Regulations for community noise", Proc. Inter-Noise '94, pp.43-56(1994).

[18] 石井聖光, "L_{Aeq} による環境騒音の評価と課題", 騒音制御 20, pp.69-73(1996).

[19] US EPA, "Information on Levels of Environmental Noise Requisite to Protect Public Health and Welfare with Adequate Margin of Safety", Rep No.550/9-74-004(1974).

[20] 環境庁, "騒音に係る環境基準の評価マニュアル II 地域評価編(道路に面する地域)"(2000).

第二部分　声环境预测

　　第一部分针对城市声环境的测量和评价方法及制定的各种标准，以噪声量与居民反应之间的关系为中心进行了阐述。第二部分将汇总城市街道地区的环境噪声模型及预测、推测方法(声环境的预测)。以下将对 3 种分析方法进行介绍。

　　(1)选取具有地区代表性的噪声评价量，结合声源及障碍物(汽车及建筑物)的分布因素，利用简单的物理模型进行预测的方法。

　　(2)利用地理信息系统(GIS)，对环境噪声的测量调查数据及道路交通网(地区的里程生产量)与土地用途间的关系进行分析，取地区 L_{Aeq} 平均值的推测方法。

　　(3)采用神经网络模型，利用大量不同地点的 L_{Aeq} 的短时间测量值推测出长时间值的方法。

第5章　环境噪声预测的现状与组织体系

针对道路噪声、铁路噪声、航空设备噪声的预测，已经开发出了各种各样的物理模型，并应用于实际中。然而，由于环境噪声相关的预测模型的实现比较困难，目前仍旧处于开发阶段。本章针对预测的必要性进行分析，并对后面各章内容进行大致说明。

5.1　预测的必要性

通常人们比较关注道路噪声、铁路噪声、工厂噪声、建筑作业噪声等个别的噪声问题，并会以噪声源为中心，研究声源周边各个地点的不同状况。但是，针对环境噪声的问题，如何保护(改善)居住区及周边的声环境是人们所关心的课题。因此，人们往往会选择合理的空间、时间指标，关注具有地区代表性的噪声值(L_{Aeq}、L_{An} 的平均值等)，希望弄清楚地区属性与噪声评价量(噪声的代表值)之间的关系。然而，环境噪声与个别的噪声问题不同，需要从宏观视角进行全面的评价，实际测量中更是需要花费庞大的人力及时间、经费。正因为如此，求噪声的代表值成为一个非常重要的课题。人们也期望在物理学上，能够实现声源及障碍物(汽车及建筑物)分布的合理模型化，开发出简单的预测噪声评价量的方法。

经过后来不断地收集并整理人口密度、土地使用、道路交通网络、建筑物密度等地区信息(网格数据)，开发出了 GIS，期待能在各种领域发挥作用。因此，不仅要对环境噪声进行实际的测量，还要构筑预知及预测环境噪声的模型以有效利用这些数据。为了提升噪声测量的效率，希望能够开发出以短时间数值推测出长时间数值的技术。

5.2　环境噪声的测量、评价及预测的现状

居住区周边及公共空间(户外)等各种场所中的噪声称为环境噪声。噪

声等级根据场所的不同、时间的变化出现多样的变动。可将市区分割为网格状(如 1km 的正方形网格),针对各个网格进行测量,以把握环境噪声的实际状态[1]。

在日本,长年来采用噪声等级的中值 L_{A50} 及 90%范围的上下限值(L_{A5}、L_{A95})对环境噪声进行评价,后来进行重新评估并修订了环境标准,目前噪声的评价采用的是等价噪声等级 L_{Aeq}。

通常,对各个地点的环境噪声进行测量、评价,并分析标准值等的实现状况,求出市区观测点不同时间段、不同地区类型的实现率,实施全面的评价[1]。由于这种方法需要花费巨大的人力及时间、经费,就需要考虑是否能以个别地点的噪声值推测出地区整体代表值。

在噪声测量的诸多报告中,有几个使用气球及飞船等在高塔及大厦的高处测量环境噪声的例子[2-6]。由于在高处测量,计算出的噪声是自地面广阔范围传递的噪声的混合计算值,噪声等级的变动较小,认为用该测量值作为地区代表值存在诸多优点。从宏观视角来计算环境噪声代表值的方法中,较广为人知的是 Shaw 等的模型[7]。该模型的内容如下:

(1)以市区的受声点为中心,将市区分割成正六边形的单元;

(2)各单元具有单功率的 w_0(W)点声源,为无序分布(声源在单元内能够自由移动);

(3)对不含受声点的单元的声源进行平均化,用面声源进行置换;

(4)单元的面积根据声源密度计算(每个声源对应的平均面积);

(5)根据声的传播按照平方反比定律及指数函数的距离衰减因素(空气吸收)规则导出 L_{A50} 及 L_{Aeq} 的计算公式。

另外,高木等[8]根据如下条件给出了计算噪声等级的中值 L_{A50} 及 90%范围的上下限值 L_{A5}、L_{A95} 的公式:

(1)功率 w_0(W)的点声源为平面状泊松分布(与市区的分布相同);

(2)仅考虑距受声点最近的声源(最接近声源);

(3)声的传递按照平方反比定律。

另外,由于上述模型中任何一个地区的声源信息(道路网、交通量等)和建筑物信息(尺寸及面积率、吸声率)等基本属性与环境噪声的关系不明确,有必要更进一步探讨。

第6~9章中提出了新的预测方法,并对其有效性进行了说明。

5.3　第二部分的概要

本书第二部分各章的主要内容如下：

第 6 章以市区的声源及与建筑物相关的宏观信息为基础，提出求地区代表性噪声评价量(时间的和空间的平均值)的模型；推导出从市区噪声的能量平衡计算地区等价噪声等级的简便公式，也就是求出市区单位面积的声源功率及反射率(建筑物的面积率及吸声率)与噪声等级的关系。

第 7 章介绍分离出上述模型的直达声与反射声，并考虑直达声中的建筑物遮挡效果，推导出噪声在垂直方向上变化的方法。

第 8 章分析观测点附近随机分布的声源与噪声的等级变动之间的关系。将声源群分为最接近声源(最接近观测点的声源)与背景声源(其他声源群)，给出推测等级变动的方法，描述噪声等级的变动与声源密度及建筑物密度之间的关系，对其进行概要的说明。

第 9 章及第 10 章介绍应用测量、调查数据实施环境噪声分析，同时预测并推导结果的方法。

第 9 章介绍在地图上利用 GIS 对噪声及交通量等相关的调查数据进行管理，并应用于预测声环境的方法。也就是说，针对数据间的相互关系进行分析，推导出环境噪声预测中有效的回归公式。另外从宏观角度，针对预测公式(第 6 章)的合理性进行研究。

第 10 章利用神经网络详细分析 L_{Aeq} 的短时间测量值及长时间测量值之间的关系，并介绍根据短时间测量值精确推测出长时间测量值的方法。环境噪声的测量通常不分昼夜进行。测量地点的 L_{Aeq} 采用白天(6:00～22:00)的 16h 测量值及夜间(22:00～次日 6:00)的 8h 测量值。如果能够根据短时间(如 1h 左右)的测量值精确推测出长时间的 L_{Aeq} 测量值，那么在实际操作中是非常有用的。因此需要积极地收集测量数据，以把握区域内的声环境(主观评价)。

参 考 文 献

[1] 名古屋市の騒音環境騒音編(名古屋市環境局, 昭和 49,54,59 年, 平成 1,6,11,16,21 年).

[2] 望月富雄, "公害問題国際都市会議について", 日本音響学会誌 28(5), pp.254-258 (1972).

[3] 深井昌, 田中準一, 吉久信幸, "東京タワーにおける都市騒音の測定", 日本音響学会

誌 29(4), pp.237-240(1973).

[4] R.Chanaud et al., "Community Noise Monitoring by a Tethered Balloon", J. Acoust. Soc. Am. 57(4), pp.988-989(1975).

[5] L.C.Sutherland, "Ambient Noise Level above Plane with Continuous Distribution of Random Sources", J. Acoust. Soc. Am. 57(6), pp.1323-1325(1975).

[6] 神成陽容, "都市における高所騒音の測定", 計量計画研究所研究報告'83, pp.107-116 (1983).

[7] E.A.G.Shaw et al., "Theory of Steady-State Urban Noise for an Ideal Homogeneous City", J. Acoust. Soc. Am. 51(6), pp.1781-1793(1972).

[8] 高木興一, "都市域全体としての騒音評価手法(2) - 広い地域での環境騒音の把握について - ",「都市騒音の計測と評価」シンポジウム資料(文部省科研費 R15-2)(1982).

第6章 根据能量平衡预测环境噪声(物理模型Ⅰ)

本章介绍预测市区环境噪声的简单物理模型。对汽车及建筑物(声源及建筑物)的分布进行平均化,根据市区内的声能平衡,导出市区的平均声强及等价噪声等级 L_{Aeq}。在室内声音方面,赛宾(Sabine)理论将室内声强视为不根据场所变化的一个定值,并能根据室内的能量收支(能量平衡)求出。

对于市区的声环境,根据市区内发生的声能平衡,求出时间性、空间性平均化的声强。本章提出求该声强所使用的具体物理模型,并分析道路网及建筑物与市区声环境之间的关系。

6.1 环境噪声的特点与模型化方法

一般来说,模型受所给出的条件及可利用信息的影响。严格规定声源、建筑物(声响障碍物)、受声点相关的条件后,可以确定模型,若这些信息不充分,则概率统计中就会出现模糊的结果。建筑物不规则分布、车辆来往于纵横交错的道路网间导致的市区环境噪声,具有如下特点[1,2]:

(1)受声点的位置各不相同;

(2)各种各样的噪声来自不同的方向;

(3)噪声呈空间性和时间性的复杂变动。

下面将设定声源及建筑物相关的宏观分布信息,声的能量流呈空间性、时间性的无序(随机)分布。但是市区的声源通常分布在地面,声能向上方流动,几乎不会向下方反射,呈现半扩散的(相对于上半空间呈现扩散性的)分布。

6.2 市区的环境噪声模型与等价噪声等级 L_{Aeq}

从宏观角度捕捉市区声源及建筑物的分布状况,做出如下假设:

(1)声源在地面以相同的密度 μ(个/m²)分布。各声源的功率与平均值 w_0(W)相等。

(2)建筑物以相同的密度 ν（个/m²）分布。各建筑物的面积、周长及高度等于各个地区的平均值 S_0(m²)、l_ϕ (m) 及 h_0(m)，吸声率为 α_B。

(3)空隙的吸声率设为 1。

在这里，以地面（面积 S(m²)）到高度 h_0(m)的区域表示市区的声能平衡。并且假设在对象市区内能量呈均匀分配，向上方呈随机扩散（半扩散流）[2]。

声源（地面）单位时间内向该市区内供给的声能为

$$\mu S w_0 \quad (\text{W}) \tag{6.1}$$

I_n 是向市区上方放射的声强，如果 I'_n 作为自侧面入射的声强，则该市区单位时间内损失的能量为

$$\nu S l_\phi h_0 \alpha_B I'_n + (S - \nu S S_0) I_n \tag{6.2}$$

这里的第一项是建筑物表面的能量，第二项是区域上空吸收（向上空放射）的声能。区域侧面的空隙部分能量的流入和流出相等，即可抵消。假设区域内的能量收支从宏观来看（平均的）是平衡的，那么式(6.1)与式(6.2)相等，得到

$$\mu S w_0 = S \left\{ \nu l_\phi h_0 \alpha_B I'_n + (1 - \nu S_0) I_n \right\} \tag{6.3}$$

假设侧面（建筑物表面）入射的声强 I'_n 是市区上空放射的声强 I_n 的 1/2，即

$$I'_n = \frac{1}{2} I_n \tag{6.4}$$

根据式(6.3)，有

$$\mu w_0 = \left\{ \frac{1}{2} \nu l_\phi h_0 \alpha_B + (1 - \nu S_0) \right\} I_n \tag{6.5}$$

可得

$$I_n = \frac{\mu w_0}{(1 - \nu S_0) + \frac{1}{2} \nu l_\phi h_0 \alpha_B} \tag{6.6}$$

在此，假设建筑物等价于半径为 b_0、高度为 h_0 的近似圆柱体，则

$$S_0 = \pi b_0^2 \tag{6.7}$$

$$l_\phi = 2\pi b_0 \tag{6.8}$$

通常情况下，高度 h_0 与等价半径 b_0 大致具有相等的值，那么可得出

$$h_0 / b_0 \approx 1$$

设建筑物的面积率(占有率)为

$$\beta = \nu S_0 \tag{6.9}$$

声强 I_n 就可以表示为

$$I_n \approx \frac{\mu w_0}{1 - \beta(1 - \alpha_B)} = \frac{\mu w_0}{1 - \gamma} \tag{6.10}$$

其中，γ 为区域内(市区)的反射系数，可以根据建筑物的面积率 β 及反射率 $1 - \alpha_B$ 的积求出：

$$\gamma = \beta(1 - \alpha_B) \tag{6.11}$$

式(6.10)中的 I_n 是区域内时间性及空间性平均化的向上扩散的声强平均值，是根据能量平衡关系导出的宏观数值。因此，区域内的声强 I(不依赖于声的流入方向，相当于无指向性麦克风的测量值)相对于上述半扩散场，有

$$I = 2I_n = \frac{2\mu w_0}{1 - \gamma} \tag{6.12}$$

该公式的等级可以作为区域内的等价噪声等级：

$$L_{Aeq} = 10\lg\frac{I}{10^{-12}} = W_\mu + 3 + \Delta R \tag{6.13}$$

其中

$$W_\mu = 10\lg\frac{\mu w_0}{10^{-12}} \quad (\text{dB/m}^2) \tag{6.14}$$

$$\Delta R = -10\lg(1 - \gamma) \quad (\text{dB}) \tag{6.15}$$

分别是声源(地面单位面积)的功率等级与建筑物反射引起的声功率等级的增量，这两个数值加上 3dB，即可求出市区的 L_{Aeq}。

6.3 市区的声源数 N(声源密度 μ) 与 W_μ

为更具体地进行说明，选取边长为 1km 的正方形区域(市区)作为研究对象。假设市区内的声源数有 N 个，那么单位面积的个数(密度)为

$$\mu = N / 10^6 \quad (\text{个/m}^2) \qquad (6.16)$$

将市区划分为网格，形成边长为 50m 的正方形、100m 的正方形、200m 的正方形及 500m 的正方形网格，每个分割正方形中存在声源时的声源密度 μ(个/m²) 及声源数 N(个/km²) 如表 6.1 所示。行驶在市区的车辆的功率等级通常为 90～100dB，假设各声源的功率等级为 95dB，则地面单位面积的功率等级为

$$W_\mu = 10\lg\mu + 95$$
$$= 10\lg N + 35 \quad (\text{dB/m}^2) \qquad (6.17)$$

表 6.1 声源密度 μ 与声源数 N

网格大小	μ/(个/m²)	N/(个/km²)
50m×50m	4×10^{-4}	400
100m×100m	1×10^{-4}	100
200m×200m	0.25×10^{-4}	25
500m×500m	4×10^{-6}	4

市区(1km²)的声源数 N 对应的功率等级 W_μ 如图 6.1 及表 6.2 所示。那么 $N=100$(每个边长为 100m 的正方形中存在 1 个 95dB 声源)时的 W_μ 为

$$W_\mu = 55 \quad (\text{dB/m}^2) \qquad (6.18)$$

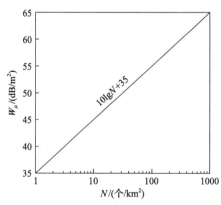

图 6.1 市区的声源数 N 与功率等级 W_μ 的关系

表 6.2 市区声源数 N 与功率等级 W_μ

网格大小	$N/(个/km^2)$	$W_\mu/(dB/m^2)$
50m×50m	400	61
100m×100m	100	55
200m×200m	25	49
500m×500m	4	41

6.4 市区的交通量(里程生产量)与 W_μ

W_μ 是将市区内声源的总声功率换算成单位面积的总声功率来表示等级的。

面积 $S(km^2)$、周长 $\phi(km)$ 的市区内，拥有 M 条直线道路。道路 $k(1, 2, \cdots, M)$ 的参数如下：

(1)断面单位时间交通量(小型车换算交通量(参见本章附录 1))设为 q_k(辆/h)；

(2)平均速度设为 v_k(km/h)；

(3)市区内的道路长度设为 l_k(km)；

(4)行驶车辆的声功率设为 w_k(W)(图 6.2)。在市区(车速 10～60km/h 的非固定行驶区间)内，车辆的声功率 w_k 与车速 v_k 呈比例关系[3]，可写为(参见附录 1)

$$w_k = bv_k \tag{6.19}$$

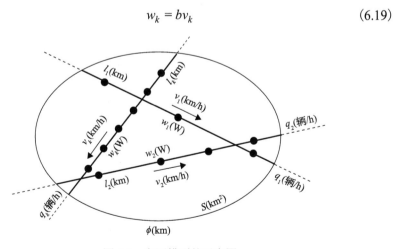

图 6.2 市区模型的示意图

各区域内各道路车辆数 N_k 为

$$N_k = q_k \times \frac{l_k}{v_k} \quad (辆) \tag{6.20}$$

声功率可表达为

$$N_k w_k = q_k \frac{l_k}{v_k} \times b v_k = b q_k l_k \quad (W) \tag{6.21}$$

因此，市区内车辆声功率的总计为

$$\sum_{k=1}^{M} N_k w_k = b \sum_{k=1}^{M} q_k l_k \quad (W) \tag{6.22}$$

单位面积的功率为

$$\mu w_0 = \frac{1}{S} \sum_{k=1}^{M} N_k w_k \times 10^{-6} = \frac{b}{S} \sum_{k=1}^{M} q_k l_k \times 10^{-6}$$
$$= \frac{b}{S} \Sigma_{ql} \times 10^{-6} \quad (W/m^2) \tag{6.23}$$

这里，用

$$\Sigma_{ql} = \sum_{k=1}^{M} q_k l_k \quad (辆 \cdot km/h) \tag{6.24}$$

表示市区内车辆在 1h 内的行驶轨迹的集合（全长），称为里程生产量。

如果道路的条数 M 足够大（$M \gg 1$），则可得到近似的公式：

$$\sum_{k=1}^{M} N_k w_k \approx M \bar{N}_k \bar{w}_k = N \bar{w}_k \tag{6.25}$$

$$\sum_{k=1}^{M} q_k l_k = M \bar{q}_k \bar{l}_k = Q \bar{l}_k \tag{6.26}$$

式（6.23）可写为

$$\mu w_0 \approx \frac{1}{S} M \bar{N}_k \bar{w}_k \times 10^{-6} \approx \frac{b}{S} Q \bar{l}_k \times 10^{-6} \tag{6.27}$$

式中，$\bar{N}_k$、$\bar{w}_k$、$\bar{q}_k$、$\bar{l}_k$ 是各道路车辆数、行驶车辆声功率、单位时间交通

量、道路长度的平均值。因此

$$N = M\bar{N}_k = \sum_{k=1}^{M} N_k \quad (辆) \tag{6.28}$$

$$Q = M\bar{q}_k = \sum_{k=1}^{M} q_k \quad (辆/h) \tag{6.29}$$

可视为市区行驶车辆数及单位时间交通量。

将平均道路长度 $\bar{l}_k$ 假设为

$$\bar{l}_k = \frac{\pi S}{\phi} \quad (km) \tag{6.30}$$

式(6.27)可写为(参见本章附录2)

$$\mu w_0 \approx \frac{b}{S} Q \frac{\pi S}{\phi} \times 10^{-6} = \frac{\pi b}{\phi} Q \times 10^{-6} \quad (W/m^2) \tag{6.31}$$

单位面积的平均声功率与市区的单位时间交通量 Q 呈比例关系。

根据式(6.22)、式(6.26)可得

$$N\bar{w}_k = b\bar{l}_k Q \tag{6.32}$$

因此，将单位时间交通量 Q 代入式(6.19)、式(6.30)，有

$$Q = \frac{N\bar{w}_k}{b\bar{l}_k} = \frac{Nb\bar{v}_k}{b\pi S/\phi} = \frac{\phi}{\pi S} N\bar{v}_k \tag{6.33}$$

可得到市区的行驶车辆数 N 与平均车速 $\bar{v}_k$ 的比例关系。

在此，取 1km 的正方形区域作为对象，将如下参数值代入式(6.33)：

$$S=1km^2, \quad \phi=4km$$

得到

$$Q = \frac{4}{\pi} N\bar{v}_k \quad (辆/h) \tag{6.34}$$

设市区的平均车速为

$$\bar{v}_k=20km/h$$

表 6.1 中的 N 对应的单位时间交通量 Q，可通过表 6.3 给出。功率等级 W_μ 可以根据式 (6.31)、式 (6.34) 表示为

$$
\begin{aligned}
W_\mu &= 10\lg\frac{\mu w_0}{10^{-12}} \\
&= 10\lg Q + 10\lg\frac{b}{10^{-12}} + 10\lg\frac{\pi}{4} - 60 \\
&= 10\lg Q + 21 \quad (\text{dB/m}^2)
\end{aligned}
\tag{6.35}
$$

表 6.3　市区的单位时间交通量与功率等级 W_μ（$\bar{v}_k$ =20km/h）

网格大小	N/(辆/km^2)	Q/(辆/h)	W_μ/(dB/m^2)
50m×50m	400	10200	61
100m×100m	100	2550	55
200m×200m	25	640	49
500m×500m	4	102	41

结合日本的调查事例，可计算出（参见本章附录 1）

$$
10\lg\frac{b}{10^{-12}} = 82
\tag{6.36}
$$

图 6.3 中显示的是单位时间交通量 Q 与功率等级 W_μ 的关系。在 Q=2550 辆/h（N=100 辆/km^2，$\bar{v}_k$=20km/h）的情况下，可预测出

$$
W_\mu = 55 \quad (\text{dB/m}^2)
$$

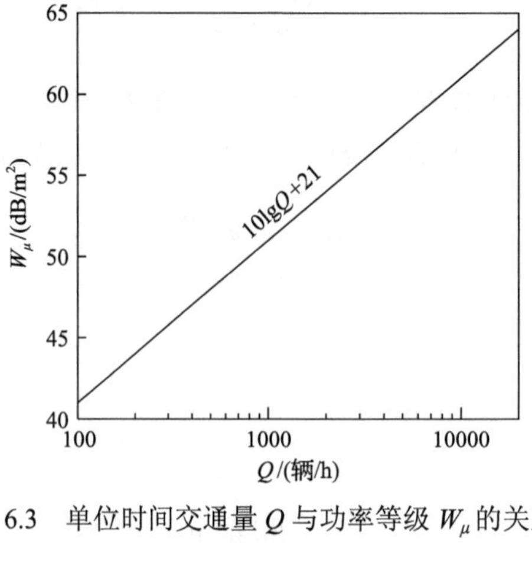

图 6.3　单位时间交通量 Q 与功率等级 W_μ 的关系

表 6.3 显示的是 W_μ 所对应的代表性的 N 与 Q 的值。

同样,市区内的里程生产量 $\sum_{ql}$ 与功率等级 W_μ 之间的关系可以通过式(6.23)和式(6.36)导出,有

$$
\begin{aligned}
W_\mu &= 10\lg\left(\sum_{ql}/S\right) + 10\lg\left(b/10^{-12}\right) - 60 \\
&= 10\lg\left(\sum_{ql}/S\right) + 22 \quad (\mathrm{dB/m^2})
\end{aligned}
\tag{6.37}
$$

因此,在边长为 1km 的正方形区域(S=1km²)情况下,可得

$$
W_\mu = 10\lg\sum_{ql} + 22 \quad (\mathrm{dB/m^2})
\tag{6.38}
$$

6.5　反射引起的噪声等级升高

本节针对反射引起的功率等级增量

$$
\Delta R = -10\lg(1-\gamma) \quad (\mathrm{dB})
\tag{6.39}
$$

进行分析。图 6.4 显示了市区的反射系数 γ 与 ΔR 的关系。γ =0.2 时增加 1dB、γ =0.4 时增加 2dB、γ =0.5 时增加 3dB。图 6.5 给出了市区的反射系数 γ 与建筑物的吸声率 α_B 及面积率 β 之间的关系:

$$
\gamma = \beta(1-\alpha_B)
\tag{6.40}
$$

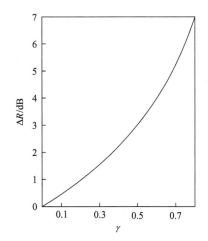

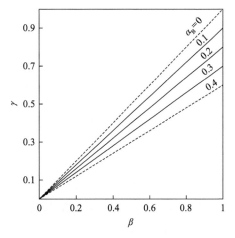

图 6.4　市区的反射系数 γ 与反射引起的
　　　功率等级增量 ΔR 之间的关系

图 6.5　市区的反射系数 γ 与面积率 β、
　　　吸声率 α_B 的关系

在这里，假设 $\alpha_\mathrm{B} \approx 0$，可得

$$\gamma \approx \beta = 0.2 \sim 0.5 \tag{6.41}$$

因此，可预测出反射引起噪声等级的升高程度为

$$\Delta R \approx 1 \sim 3 \quad (\mathrm{dB}) \tag{6.42}$$

6.6　市区的交通量与 L_Aeq

结合以上结果，试着整理市区的交通量及建筑物与 L_Aeq 的关系[1]。首先，确定行驶车辆的市区功率等级 W_μ，根据式(6.31)、式(6.37)，可写成

$$\begin{aligned} W_\mu &= 10\lg\left(\textstyle\sum_{ql}/S\right) + 22 \\ &= 10\lg Q + 10\lg\left(\frac{\pi}{\phi}\right) + 22 \end{aligned} \tag{6.43}$$

反射引起的噪声等级增量可以根据

$$\Delta R = -10\lg(1-\gamma) = -10\lg\left[1 - \beta(1-\alpha_\mathrm{B})\right] \tag{6.44}$$

计算得出。因此，市区的 L_Aeq 与建筑物及道路交通条件的关系可以表示为

$$\begin{aligned} L_\mathrm{Aeq} &= W_\mu + \Delta R + 3 \\ &= 10\lg\left(\textstyle\sum_{ql}/S\right) - 10\lg\left[1 - \beta(1-\alpha_\mathrm{B})\right] + 25 \\ &= 10\lg Q + 10\lg\left(\frac{\pi}{\phi}\right) - 10\lg\left[1 - \beta(1-\alpha_\mathrm{B})\right] + 25 \end{aligned} \tag{6.45}$$

其中，S 为市区的面积(km^2)；β 为市区内建筑物的面积率；α_B 为建筑物的吸声率；$\sum_{ql} = \sum\limits_{k=1}^{M} q_k l_k$ 为市区内的里程生产量(辆·km/h)；$Q = \sum\limits_{k=1}^{M} q_k$ 为市区内的单位时间交通量(辆/h)；ϕ 为市区的周长(km)；q_k 为道路 k 的单位时间交通量(辆/h)；l_k 为市区内道路 k 的长度(km)。

尤其是，如果以 1km 的正方形网格作为对象区域，将如下参数值代入式(6.45)：

$$S = 1\text{km}^2, \quad \phi = 4\text{km}$$

那么市区的等价噪声等级可以通过

$$
\begin{aligned}
L_{\text{Aeq}} &= 10\lg \sum_{ql} - 10\lg\left[1 - \beta(1 - \alpha_{\text{B}})\right] + 25 \\
&= 10\lg Q - 10\lg\left[1 - \beta(1 - \alpha_{\text{B}})\right] + 24
\end{aligned}
\tag{6.46}
$$

计算得出。反射引起的噪声等级增量可以通过式(6.42)得到，即

$$\Delta R = -10\lg\left[1 - \beta(1 - \alpha_{\text{B}})\right] \approx 1 \sim 3 \tag{6.47}$$

市区的 L_{Aeq} 值大致可以通过下述公式得到：

$$
\begin{aligned}
L_{\text{Aeq}} &\approx 10\lg \sum_{ql} + (26 \sim 28) \\
&\approx 10\lg Q + (25 \sim 27)
\end{aligned}
\tag{6.48}
$$

图 6.6 表示的是 Q 与 L_{Aeq} 的关系。可以分别计算出边长为 1km 的正方形区域内不同的单位时间交通量 Q 所对应的市区的 L_{Aeq}：

(1)当 Q 为 100 辆/h 时，L_{Aeq} 为 45～47dB；

(2)当 Q 为 1000 辆/h 时，L_{Aeq} 为 55～57dB；

(3)当 Q 为 10000 辆/h 时，L_{Aeq} 为 65～67dB。

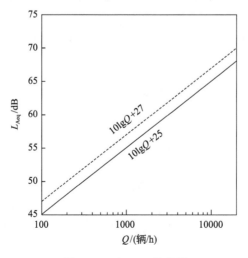

图 6.6　Q 与 L_{Aeq} 的关系

另外，可以得出名古屋市区 L_{Aeq} 的平均值：

(1) 白天 (8:00～19:00)，66dB；

(2) 夜间 (22:00～次日 6:00)，58dB。

对应的单位时间交通量 Q 分别如下 (参见本章附录 3)：

(1) 白天，10000 辆/h；

(2) 夜间，1500 辆/h。

这里，Q 是以小型车辆换算的单位时间交通量。

6.7　高处的噪声等级

前面介绍了引入空间性及时间性平均化的等价噪声等级 L_{Aeq}，作为市区的宏观噪声等级的代表值，并根据能量平衡计算噪声等级的方法。这里 L_{Aeq} 是将地面附近的不规则变动的环境噪声在市区内进行平均化得到的数值。

另外，市区高处 (建筑物上空) 的噪声等级变动较少，相对比较稳定。本节介绍建筑物上空噪声等级 L_{Aeq} 的计算方法，分析高处的噪声等级与地面附近 L_{Aeq} 之间的关系[2]。

6.7.1　建筑物上空的噪声等级

之前的讨论中，求出了市区地面到建筑物平均高度 $h_0 (\text{m})$ 的空间声强 I_n。上空高 h_0 处开口面的噪声呈现放射状，因此可以将该开口部分视为声源。该声源的功率用 $I_n (\text{W/m}^2)$ 表示，假设声源向上空方向随机放射 (扩散放射)，$\cos\theta$ 就具备了指向性 (图 6.7)。考虑指向性因素，开口部位单位面积的功率可以写为

$$2I_n \cos\theta, \quad 0 \leqslant \theta \leqslant \pi / 2 \tag{6.49}$$

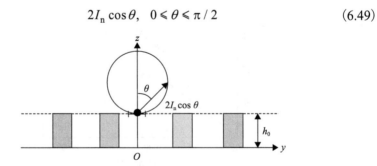

图 6.7　建筑物上空单位面积上设定的声源指向性模型

另外，可以将 I_n 作为地面与建筑物包围的空间的声强 (式 (6.10))，有

$$I_n = \frac{\mu w_0}{1-\gamma} \tag{6.50}$$

将 $1-\beta$ 作为开口部分的比例代入公式，求建筑物上空的声强，可得

$$
\begin{aligned}
I^{(H)} &= \iint 2I_n \cos\theta \frac{1-\beta}{2\pi r^2} \mathrm{d}x\mathrm{d}y \\
&= 2(1-\beta)I_n \iint \frac{\cos\theta}{2\pi r^2} \mathrm{d}x\mathrm{d}y \\
&= 2(1-\beta)I_n \\
&= 2\frac{1-\beta}{1-\gamma}\mu w_0
\end{aligned} \tag{6.51}
$$

因此，建筑物上空的噪声等级可以表示为

$$
\begin{aligned}
L^{(H)} &= 10\lg\frac{I^{(H)}}{10^{-12}} \\
&= W_\mu + 3 + 10\lg\frac{1-\beta}{1-\gamma} \\
&= L_{Aeq}^{(G)} + 10\lg(1-\beta) \quad (\mathrm{dB})
\end{aligned} \tag{6.52}
$$

同时

$$L_{Aeq}^{(H)} = W_\mu + 3 - 10\lg(1-\gamma) \tag{6.53}$$

是市区(比建筑物低的地区，地面附近)的等价噪声等级。

6.7.2　与地面附近 L_{Aeq} 的关系

由于高处的噪声等级变动较小，将前项的 $L^{(H)}$ 作为高处的等价噪声等级[4]，如果用 $L_{Aeq}^{(H)}$ 表示 $L^{(H)}$，根据式(6.52)可以得出地面附近与高处的等价噪声等级的关系为

$$L_{Aeq}^{(G)} - L_{Aeq}^{(H)} = -10\lg(1-\beta) \quad (\mathrm{dB}) \tag{6.54}$$

假设市区建筑物的面积率 β 为 0.2～0.5，则可推算出

$$L_{Aeq}^{(G)} - L_{Aeq}^{(H)} \approx 1\sim3 \quad (\mathrm{dB})$$

也就是说，地面及高处的等价噪声等级的差值为 1~3dB。有报告显示，利用气球测量得到的东京都市内的噪声中，两者的差值在 2.5dB 左右[4]。

参 考 文 献

[1] 龍田建次他，"市街地における環境騒音の巨視的な予測モデル"，日本音響学会誌 64(11)，pp.639-646(2008).

[2] 久野和宏他，"環境騒音の巨視的モデル－市街地上空の騒音レベル－"，日本音響学会騒音・振動研究会資料 N-2009-42(2009).

[3] 日本音響学会道路交通騒音調査研究委員会，"道路交通騒音の予測モデル ASJ Model1998"，日本音響学会誌 55(4)，pp.281-324(1999).

[4] 神成陽容，"都市における高所騒音の測定"，計量計画研究所研究報告'83，pp.107-116 (1983).

[5] 久野和宏編，騒音と日常生活(技報堂出版，2003)，p.85.

附录 1　　非固定行驶车辆的声功率 w

ASJ Model 1998 中，根据实际测量调查结果，证明市区的一般道路上行驶的车辆(小型车辆)的功率等级 W(dB) 与车速 v(km/h) 之间的回归公式[3]为

$$W = 10 \lg v + 82.3 \quad (\text{dB})$$

因此，加入声功率

$$w = bv^n$$

可得到

$$10 \lg \frac{b}{10^{-12}} = 82.3 \approx 82 \quad (\text{dB})$$

附录 2　　区域(面积 S、周长 ϕ)内的平均道路长度 $\overline{l}_k$

假设区域内的直线道路呈无序线段状。这种情况下，线段与区域内行驶方向的随机声线等价，可得到其平均道路长度 $\overline{l}_k$(在与周围边界的碰撞及碰撞之间前进的平均距离)为

$$\overline{l}_k = \pi S / \phi$$

附录 3　L_{Aeq} 的算术平均值 $\overline{L}_{\mathrm{Aeq}}$ 与功率平均值 $\tilde{L}_{\mathrm{Aeq}}$

如果 L_{Aeq} 的集合遵循平均值 $\overline{L}_{\mathrm{Aeq}}$、标准差 σ_{eq} 的正态分布,则样本的功率平均值可以表示为

$$\tilde{L}_{\mathrm{Aeq}} = \overline{L}_{\mathrm{Aeq}} + 0.115\sigma_{\mathrm{eq}}^2$$

名古屋市区白天的 L_{Aeq} 平均值为 62dB,标准差为 6dB,夜间的 L_{Aeq} 平均值为 53dB,标准差为 7dB[5],因此 L_{Aeq} 的白天及夜间的功率平均值分别为 66dB 及 58dB。

第7章　考虑建筑物遮挡效果实施的预测（物理模型Ⅱ）

接着第 6 章内容，本章从宏观角度分析建筑物及声源散射分布的市区噪声等级，对环境噪声的预测模型进行讨论。第 6 章虽然取所有声在时间和空间上的平均状态，但是由于直达噪声与反射噪声存在本质差异，将两者分离开进行讨论更为实际。例如，将室内声分为直达声及反射声(回声)，并多次进行合并。本章将市区的环境噪声分为直达声及反射声，考虑建筑物对声的遮挡效果，导出计算结果，并对市区的等价噪声等级 L_{Aeq} 的垂直方向变化进行全面分析。

7.1　直达声与反射声的分离

第 6 章根据声能收支，导出了市区(从地面到建筑物平均高度 h_0 的空间)平均声强的公式为

$$I = \frac{2\mu w_0}{1-\gamma} \tag{7.1}$$

上述公式可以展开为

$$\begin{aligned} I &= 2\mu w_0(1+\gamma+\gamma^2+\gamma^3+\cdots) \\ &= 2\mu w_0 + \gamma \cdot 2\mu w_0(1+\gamma+\gamma^2+\cdots) \\ &= I_{\mathrm{d}} + I_{\mathrm{R}} \end{aligned} \tag{7.2}$$

将直达声的声强 I_{d} 与反射声的声强 I_{R} 分解：

$$I_{\mathrm{d}} = 2\mu w_0 \tag{7.3}$$

$$I_{\mathrm{R}} = \gamma \cdot 2\mu w_0(1+\gamma+\gamma^2+\cdots) = \frac{\gamma}{1-\gamma}2\mu w_0 \tag{7.4}$$

其中

$$\gamma = \beta(1 - \alpha_B) \tag{7.5}$$

是相对于地区半扩散场的反射系数。

下面设反射声（回声）的声强 I_R 在地区内为固定值，考虑建筑物的遮挡效果，对直达声的声强 I_d 进行修正。

7.2　声源与建筑物的分布

为了进一步讨论直达声，本节提前对声源和建筑物的配置情况进行重新确认。虽然市区的道路（声源）和建筑物集中在个别的区域，分别呈规则性的分布，但是从宏观角度看仍旧可以视为杂乱（无序）分布的。因此，假设建筑物和声源在地面无序分布（在平面上呈现相同的分布）。为了方便，各建筑物的面积和高度分别与地区的平均值 S_0 和 h_0 相等，用等价半径 $b_0 = \sqrt{S_0 / \pi}$、高为 h_0 的圆柱置换。也就是说，以图 7.1 所示二维平面上均匀分布的圆柱群（半径 b_0、高 h_0）对市区的建筑物群进行建模，在这样的障碍物空间内，对声线（以声速 c 直线传播的能量粒子）的传播情况进行分析。

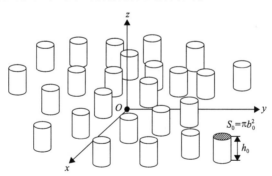

图 7.1　建筑物（障碍物）群的配置模型

另外，假设平面上任意一点 O 发出的声均呈放射状扩散，首先对在 xy 平面（水平面）内放射的声线与障碍物的碰撞中出现的衰减过程进行描述，然后确定向任意方向放射的声线的距离衰减特性，并以此为基础，分析平面上均匀分布的声源放射的声场的特性（高度方向的变化情况）[1]。

由于以直达声为对象，与建筑物（圆柱）碰撞的声线全部发生了削减。

7.3　水平面内直达声的距离衰减

对自点 O 向 xy 平面(从点声源 O 到水平面)内放射的声线进行分析。水平面内半径 $b_0(\mathrm{m})$ 的圆形障碍物的密度 ν (个/m²) 呈均匀分布(泊松分布),障碍物的占有率(建筑物的面积率) β 可表示为

$$\beta = \nu S_0 = \nu \pi b_0^2 \tag{7.6}$$

这里,与面积 S_0 所对应的等价半径为

$$b_0 = \sqrt{S_0 / \pi} \tag{7.7}$$

这种情况下,声线到达以点 O 为中心、半径 ρ 的圆周上的概率可以用公式

$$P' = \begin{cases} 1, & 0 \leqslant \rho < b_0 \\ \mathrm{e}^{-(1-\tau)\delta\beta\left[(\rho/b_0)^2-1\right]/(1-\beta)}, & \rho \geqslant b_0 \end{cases} \tag{7.8}$$

计算出[1,2]。其中, δ 是单独的障碍物(建筑物)与声线的碰撞概率:

$$\delta \approx \frac{2b_0}{\pi\rho} \tag{7.9}$$

存在近似性。假设 τ 为声线与障碍物(建筑物)发生碰撞时的穿透率,即

$$\tau = 0$$

声线(直达声)由于碰撞发生了削减。

因此,声线自点 O 向水平面内放射 ρ 距离的过程中,直达声的生存概率可以表示为

$$P' = \begin{cases} 1, & 0 \leqslant \rho < b_0 \\ \mathrm{e}^{-\alpha(\rho/b_0 - b_0/\rho)}, & \rho \geqslant b_0 \end{cases} \tag{7.10}$$

其中

$$\alpha = \frac{2\beta}{\pi(1-\beta)} \tag{7.11}$$

是障碍物的遮挡系数，如图 7.2 所示。

$$\beta \to 0, \quad \alpha \to 0 \quad (\rho \geqslant 0)$$

$$\beta \to 1, \quad \alpha \to \infty \quad (\rho \geqslant b_0)$$

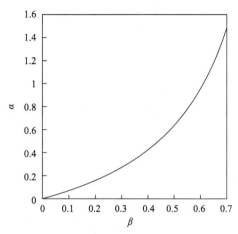

图 7.2　面积率 β 与遮挡系数 α 的关系

　　随着建筑物面积率 β 的增加，α 急剧增大，声线的生存概率 P'(直达声到达的概率)呈现出指数函数的减少。

　　式(7.10)中所示声线的生存概率随着传播距离 ρ 的增大，大致呈指数函数减少，在障碍物空间中，P' 可以被解释为给出了直达声(声能粒子)的距离衰减特性。也就是说，P' 可以视为由障碍物引起的直达声强平均距离衰减(过度衰减)因子。

7.4　任意方向上放射的声线的距离衰减

　　声通常自点声源向所有方向扩散。那么，向任意方向放射的声线 r 的传播过程中，生存概率应该如何表示呢？假设声线 r 如图 7.3 所示，处于 yz 平面内，$\overline{Op}$ 是 y 轴上的射影。r 与障碍物(半径 b_0、高度 h_0 的圆柱)群的碰撞可以视为水平面内的线段 $\overline{Op}$ 与圆形障碍物群碰撞中的线段 $\overline{Op'}$。也就是说，声线 r 的生存概率与水平面内声线 $\overline{Op'}$(r 的高 h_0 以下部分的射影)的生存概率

$$P' = \begin{cases} 1, & 0 \leqslant \rho' < b_0 \\ e^{-\alpha(\rho'/b_0 - b_0/\rho')}, & \rho' \geqslant b_0 \end{cases} \quad (7.12)$$

相等。其中

$$\rho' = \begin{cases} \rho, & 0 \leqslant z \leqslant h_0 \\ \dfrac{h_0}{z}\rho, & z > h_0 \end{cases} \quad (7.13)$$

向任意方向放射的声线的生存概率可以用 xy 平面内的生存概率(相对于水平距离 ρ' 的生存概率)表示。自点 O 放射的声线(直达声)受到距离 r 内的障碍物(建筑物)遮挡,所产生的过度衰减与水平面内距离 ρ' 内的衰减相等,可以用式(7.12)求出。

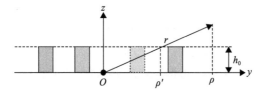

图 7.3　向上方发射的声线

7.5　面声源分布的直达声场

假设功率 w_0(对象地区内声源的平均功率)的点声源与建筑物同样在平面内以密度 μ 均匀分布。也就是说,以地面单位面积功率 $\mu w_0(\mathrm{W})$ 作为面声源,

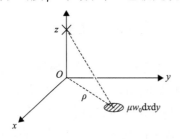

图 7.4　声源要素和受声点的关系

分析放射场(直达声)的建筑物遮挡效果。如图 7.4 所示,以地面作为 xy 平面,选取 z 轴上的点作为观测点,其坐标为 $(0,0,z)$。这种情况下,如果考虑各声源要素 $\mu w_0 \mathrm{d}x \mathrm{d}y$ 的传递特性(平方反比定律与上述建筑物引起的过度衰减因子 P'),则直达声的声强可以写为

$$I_{\mathrm{d}}(z) = \int_{-\infty}^{\infty} \int_{-\infty}^{\infty} \frac{\mu w_0}{2\pi(\rho^2 + z^2)} P' \mathrm{d}x\mathrm{d}y$$

$$= \mu w_0 \int_0^{\infty} \frac{P'}{\rho^2 + z^2} \rho \mathrm{d}\rho \tag{7.14}$$

其中

$$\rho = \sqrt{x^2 + y^2} \tag{7.15}$$

是自母面 $\mathrm{d}x\mathrm{d}y$ 朝着观测点 $(0,0,z)$ 放射的声线在 xy 平面的射影，因此与建筑物碰撞形成的过度衰减因子 P' 可以用式 (7.12) 求出。

为了尽可能简洁地显示，将式 (7.12) 表示为

$$P' \approx \mathrm{e}^{-\alpha\rho'/b_0} = \mathrm{e}^{-\alpha'\rho/b_0}, \quad \rho \geqslant 0 \tag{7.16}$$

其中

$$\alpha' = \begin{cases} \alpha, & 0 \leqslant z \leqslant h_0 \\ \dfrac{h_0}{z}\alpha, & z > h_0 \end{cases} \tag{7.17}$$

式 (7.14) 可以表示为[3]

$$\begin{aligned} I_{\mathrm{d}}(z) &= \mu w_0 \int_0^{\infty} \frac{\mathrm{e}^{-\alpha'\rho/b_0}}{\rho^2 + z^2} \rho \mathrm{d}\rho \\[2mm] &= -\mu w_0 \left[\mathrm{ci}\!\left(\frac{\alpha' z}{b_0}\right)\cos\!\left(\frac{\alpha' z}{b_0}\right) + \mathrm{si}\!\left(\frac{\alpha' z}{b_0}\right)\sin\!\left(\frac{\alpha' z}{b_0}\right) \right] \\[2mm] &= \begin{cases} -\mu w_0 \left[\mathrm{ci}\!\left(\dfrac{\alpha z}{b_0}\right)\cos\!\left(\dfrac{\alpha z}{b_0}\right) + \mathrm{si}\!\left(\dfrac{\alpha z}{b_0}\right)\sin\!\left(\dfrac{\alpha z}{b_0}\right) \right], & 0 \leqslant z \leqslant h_0 \\[3mm] -\mu w_0 \left[\mathrm{ci}\!\left(\dfrac{\alpha h_0}{b_0}\right)\cos\!\left(\dfrac{\alpha h_0}{b_0}\right) + \mathrm{si}\!\left(\dfrac{\alpha h_0}{b_0}\right)\sin\!\left(\dfrac{\alpha h_0}{b_0}\right) \right], & z > h_0 \end{cases} \end{aligned} \tag{7.18}$$

在建筑物的上空 $(z > h_0)$，由直达声引起的声强 $I_{\mathrm{d}}(z)$ 与高度无关，是恒定的。

上述公式包含积分正弦函数 $\mathrm{si}()$ 及余弦函数 $\mathrm{ci}()$，预测结果并不是很好。取过度衰减因子 P'

$$P' = \begin{cases} 1, & 0 \leqslant \rho \leqslant b_0 / \alpha' \\ 0, & \rho > b_0 / \alpha' \end{cases} \tag{7.19}$$

在式(7.18)的积分中，相当于用等面积的正方形窗置换权重函数 P'（图 7.5）。

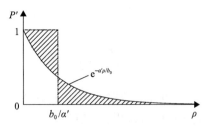

图 7.5　用正方形窗置换权重函数 P'

式(7.14)的积分可表示为

$$
\begin{aligned}
I_d(z) &\approx \mu w_0 \int_0^{b_0/\alpha'} \frac{1}{\rho^2 + z^2} \rho \mathrm{d}\rho \\
&= \frac{\mu w_0}{2} \ln\left[1 + \left(\frac{b_0}{\alpha' z}\right)^2\right] \\
&= \begin{cases} \dfrac{\mu w_0}{2} \ln\left[1 + \left(\dfrac{h_0}{\alpha z}\right)^2\right], & 0 \leqslant z \leqslant h_0 \\[3mm] \dfrac{\mu w_0}{2} \ln\left[1 + \left(\dfrac{1}{\alpha}\right)^2\right], & z > h_0 \end{cases}
\end{aligned}
\tag{7.20}
$$

可得到良好的预测结果。但是，这是在假设 $b_0 \approx h_0$ 的情况下得到的。

在环境噪声测量中，当通常的受声点高度 $z=1.2\mathrm{m}$ 时，式(7.20)可以进一步简化为

$$I_d(1.2) \approx \mu w_0 \ln\left(\frac{h_0}{1.2\alpha}\right) \tag{7.21}$$

上述 $I_d(z)$ 表示的是对象地区地上高度 z 处的直达声的平均声强，假设声源能够像汽车那样在区域内 $(xy$ 平面内$)$ 自由移动，则可以将其作为声强的长时间平均值。

7.6　直达声与反射声等级

对上述结果进行整理后，建筑物及声源散射分布的市区直达声强可以表示为

$$I_d(z) = \begin{cases} \dfrac{\mu w_0}{2} \ln\left[1 + \left(\dfrac{h_0}{\alpha z}\right)^2\right], & 0 \leqslant z \leqslant h_0 \\[3mm] \dfrac{\mu w_0}{2} \ln\left[1 + \left(\dfrac{1}{\alpha}\right)^2\right], & z > h_0 \end{cases} \tag{7.22}$$

反射声强可以表示为

$$I_R(z) = \mu w_0 \times \begin{cases} \dfrac{2\gamma}{1-\gamma}, & 0 \leqslant z \leqslant h_0 \\[3mm] \dfrac{2\gamma}{1-\gamma}(1-\beta), & z > h_0 \end{cases} \tag{7.23}$$

其中

$$\alpha = \frac{2\beta}{\pi(1-\beta)} \tag{7.24}$$

$$\gamma = \beta(1 - \alpha_B) \tag{7.25}$$

以单位面积的功率 μw_0 作为声源信息，在给出建筑物的面积率 β、高度 h_0 及吸声率 α_B 后，就可以很方便地计算出直达声强 $I_d(z)$ 及反射声强 $I_R(z)$。这两个值都是地区的时间和空间平均值，可以作为代表地区直达声及反射声的等价噪声等级。可以将直达声的等价噪声等级表示为

$$L_{Aeq,d}\left(\frac{z}{h_0}\right) = \begin{cases} W_\mu - 3 + 10\lg\ln\left[1 + \left(\dfrac{\alpha z}{h_0}\right)^{-2}\right], & 0 \leqslant z/h_0 \leqslant 1 \\[3mm] W_\mu - 3 + 10\lg\ln(1 + \alpha^{-2}), & z/h_0 > 1 \end{cases} \tag{7.26}$$

将反射声的等价噪声等级表示为

$$L_{\text{Aeq,R}}\left(\frac{z}{h_0}\right)=\begin{cases}W_{\mu}+3+10\lg\dfrac{\gamma}{1-\gamma}, & 0\leqslant z/h_0\leqslant 1\\[2mm]W_{\mu}+3+10\lg\dfrac{\gamma}{1-\gamma}+10\lg(1-\beta), & z/h_0>1\end{cases}\tag{7.27}$$

其中，W_{μ} 可以定义为

$$W_{\mu}=10\lg\frac{\mu w_0}{10^{-12}}\tag{7.28}$$

是地面单位面积的功率等级。

用上述公式可以对直达声及反射声高度方面（$0\leqslant z\leqslant h_0$）的等级变化进行研究。以 z/h_0 为横轴，图 7.6 中建筑物面积率 β 在取 0.1、0.3 及 0.5 时，直达声等级 $L_{\text{Aeq,d}}$ 与反射声等级 $L_{\text{Aeq,R}}$ 就是点线与虚线所示的部分。

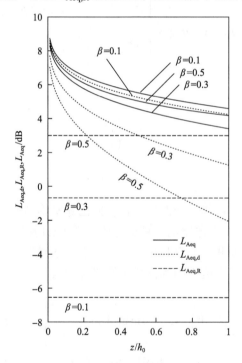

图 7.6　等价噪声等级（$W_{\mu}=0$ 时对应的等级）在垂直方向上的变化

假设建筑物的吸声率 α_{B} 为 0（完全反射），从图中可以看出：

(1)建筑物的密度越大，面积率 β 越大；

(2)受声点越高，z 越接近 h_0。

直达声等级会下降，与此相反，反射声的影响会越来越大。

环境噪声的测量通常在地面附近 $(z=1.2\text{m})$ 进行的，由于此处 $(1.2\alpha/h_0)^{-2}\geqslant 1$，直达声等级近似于

$$L_{\text{Aeq,d}}\left(\frac{1.2}{h_0}\right)\approx W_\mu+10\lg\ln\left(\frac{h_0}{1.2\alpha}\right) \tag{7.29}$$

假设当建筑物的高度为 6～30m、面积率 β 为 0.1～0.5 时，吸声率 α_B 为 0，有

$$\alpha\approx 0.07\sim 0.7$$

$$\gamma=\beta=0.1\sim 0.5$$

可预测出地上高度 $z=1.2\text{m}$ 处的直达声等级为

$$L_{\text{Aeq,d}}\left(\frac{1.2}{h_0}\right)\approx W_\mu+(8\sim 3)\quad(\text{dB}) \tag{7.30}$$

反射声等级为

$$L_{\text{Aeq,R}}\left(\frac{1.2}{h_0}\right)\approx W_\mu+(-7\sim 3)\quad(\text{dB}) \tag{7.31}$$

通常直达声更具有优势，但是 β 越大 h_0 会越小，例如，当 $\beta=0.5$、$h_0=6\text{m}$、$z/h_0=0.2$ 时，反射声等级与直达声等级大致相等(图 7.6)：

$$L_{\text{Aeq,R}}\approx L_{\text{Aeq,d}}\approx W_\mu+3 \tag{7.32}$$

7.7　日本市区的噪声等级

市区的声强可以用直达声强加上反射声强来得到，表示为

$$I(z) = I_d(z) + I_R(z)$$

$$= \frac{\mu w_0}{2} \ln\left[1 + \left(\frac{\alpha z}{h_0}\right)^{-2}\right] + \mu w_0 \frac{2\gamma}{1-\gamma}$$

$$= \frac{\mu w_0}{2}\left\{\ln\left[1 + \left(\frac{\alpha z}{h_0}\right)^{-2}\right] + \frac{4\gamma}{1-\gamma}\right\}$$

$$= \frac{\mu w_0}{2}\left\{\ln\left[1 + \left(\frac{\alpha z}{h_0}\right)^{-2}\right] + \frac{4}{T}\right\}, \quad 0 \leqslant z \leqslant h_0 \tag{7.33}$$

其中

$$T = \frac{1-\gamma}{\gamma} \tag{7.34}$$

相当于室内声中的室内常数，可以称为市区常数。T 由市区的反射系数 γ（吸声率 $1-\gamma$）来确定。

因此，市区的环境噪声（等价噪声等级）可以表示为

$$L_{Aeq}\left(\frac{z}{h_0}\right) = W_\mu - 3 + 10\lg\left\{\ln\left[1 + \left(\frac{\alpha z}{h_0}\right)^{-2}\right] + \frac{4}{T}\right\} \tag{7.35}$$

式（7.35）也可以采用 7.6 节求出的直达声等级 $L_{Aeq,d}(z/h_0)$ 及反射声等级 $L_{Aeq,R}(z/h_0)$，表示为

$$L_{Aeq}\left(\frac{z}{h_0}\right) = 10\lg\left[10^{L_{Aeq,d}(z/h_0)/10} + 10^{L_{Aeq,R}(z/h_0)/10}\right] \tag{7.36}$$

该合成结果可以用图 7.6 中的实线表示。从图中可以看出，直达声与反射声的等级虽然受建筑物面积率 β 影响，但是两者的和（合成等级）并不怎么依存于 β。

通常 γ 为 $0.1 \sim 0.5$，因此假设 $T \approx 1 \sim 9$，可以得到市区的噪声等级为

$$L_{Aeq}\left(\frac{z}{h_0}\right) = W_\mu - 3 + 10\lg\left\{\ln\left[1 + \left(\frac{\alpha z}{h_0}\right)^{-2}\right] + (4 \sim 0.4)\right\}, \quad 0 \leqslant z \leqslant h_0 \tag{7.37}$$

随着受声点的升高（$z \to h_0$），逐渐接近由 W_μ 及 α 决定的固定等级

$$L_{\mathrm{Aeq}}(1) \approx W_\mu - 3 + 10\lg\left[\ln(1+\alpha^{-2}) + (4\sim0.4)\right] \tag{7.38}$$

通常的受声点高度为 $z=1.2\mathrm{m}$ 时，可以表示为

$$L_{\mathrm{Aeq}}\left(\frac{1.2}{h_0}\right) \approx W_\mu - 3 + 10\lg\left[2\ln\left(\frac{1.2\alpha}{h_0}\right)^{-1} + (4\sim0.4)\right] \tag{7.39}$$

与高度 $z=h_0$ 的等级差变为

$$
\begin{aligned}
L_{\mathrm{Aeq}}\left(\frac{1.2}{h_0}\right) - L_{\mathrm{Aeq}}(1) &\approx 10\lg\left[2\ln\left(\frac{1.2\alpha}{h_0}\right)^{-1} + (4\sim0.4)\right] \\
&\quad - 10\lg\left[\ln(1+\alpha^{-2}) + (4\sim0.4)\right]
\end{aligned} \tag{7.40}
$$

假设建筑物的面积率 $\beta \approx 0.1\sim0.5$，当建筑物的高度 $h_0 \approx 6\sim30\mathrm{m}$ 时，有

$$\alpha = 0.07\sim0.7$$

$$h_0/1.2 = 5\sim25$$

如图 7.7 所示，上式的等级差与 6.7.2 节一样，有

$$L_{\mathrm{Aeq}}(1.2/h_0) - L_{\mathrm{Aeq}}(1) = 2\sim4 \quad (\mathrm{dB})$$

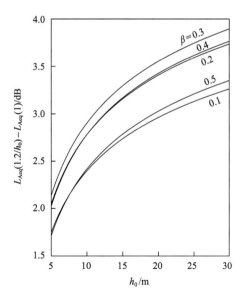

图 7.7　地上(1.2m)与上空(建筑物高度)对应的噪声等级差

参 考 文 献

[1] 久野和宏, 野呂雄一, 木村和則, "障害物空間における音線の衝突・減衰過程について", 電子情報通信学会技術研究報告 EA 100(53), pp.9-17(2000).

[2] 久野和宏, 野呂雄一編, "道路交通騒音予測"(技報堂出版, 2004), pp.252-256.

[3] 森口繁一他, "数学公式III"(岩波書店, 1960), pp.21-24.

第8章 基于环境噪声等级变化因素实施的预测(物理模型Ⅲ)

第 6 章和第 7 章针对计算市区等价噪声等级的方法进行了描述,但是实际的环境噪声会因场所的不同而不时发生大幅度的变动。本章对第 7 章的模型进行改良,求出市区噪声等级的百分比;将直达声进一步分为来自最接近声源(点声源)及背景声源(平均化的面声源)的声,将受声点的噪声等级变动模型化,对其特性进行分析[1]。

8.1 最接近声源与背景声源

与第 7 章相同,假设建筑物及声源分别以密度 ν (个/m²) 及 μ (个/m²)无序分布(平面上一样分布)于地面上。为了方便,各建筑物的面积及高度分别取地区的平均值 S_0 及 h_0,用等价半径 $b_0 = \sqrt{S_0/\pi}$、高度为 h_0 的圆柱进行置换。也就是说,以图 8.1 所示二维平面上均匀分布的圆柱群(半径 b_0、高 h_0)对市区的建筑物群进行建模,分析该障碍物空间内的声线的传播状态。

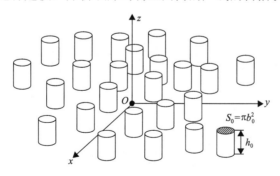

图 8.1 建筑物群的配置模型(面积率 $\beta = \nu S_0$)

环境噪声的等级变动主要依赖于观测点附近的声源配置情况。将散射分布的声源分为最近的声源(最接近声源)及其以外的声源(背景声源),噪声的等级变动主要由最接近声源决定。由此，直达声强 I_d 可以通过到达最接近声源(功率 $w_0(\mathrm{W})$ 的点声源)的距离及背景声源的均匀分布(单位面积功率 $\mu w_0(\mathrm{W/m^2})$ 的面声源)推测出。

8.2　直 达 声 场

首先求自地面(xy 平面)到高度 z 的点 $(0,0,z)$ 处的直达声强 $I_d(z)$。$I_{d,m}(z)$ 取 $I_d(z)$ 的上位 $m\%$ 值，假设 xy 平面上的原点 O(自观测点引向下垂线的垂足)到与 $I_{d,m}(z)$ 对应的最接近声源的距离为 ρ_m，到面声源起点的距离为 ρ_m^*(参照图 8.2)时，可得到

$$I_{d,m}(z) = \frac{w_0}{2\pi(\rho_m^2 + z^2)} e^{-\alpha\rho_m/b_0} + \mu w_0 \int_{\rho_m^*}^{\infty} \frac{e^{-\alpha\rho/b_0}}{\rho^2 + z^2} \rho \mathrm{d}\rho \tag{8.1}$$

其中，等号右边第一项表示最接近声源(点声源)的贡献，第二项表示背景声源(面声源)的贡献。随着声的传播，同第 7 章一样将出现距离衰减，也就是平方反比定律与由建筑物的碰撞引起的过度衰减($e^{-\alpha\rho/b_0}$ 项)。并且，

$$\alpha = \frac{2\beta}{\pi(1-\beta)} \tag{8.2}$$

是确定的建筑物(面积率 β)的遮挡系数。

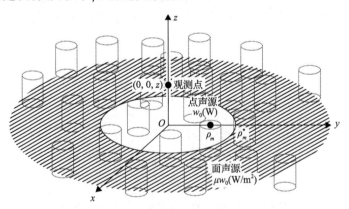

图 8.2　最接近声源与平均化的面声源

假设声源在 xy 平面上(地面)无序分布，则 ρ_m 及 ρ_m^* 分别可以通过下述公

式计算得出[2]:

$$\rho_m = \sqrt{k_m}\,\overline{\rho} \tag{8.3}$$

$$\rho_m^* = \sqrt{k_m^*}\,\overline{\rho} \tag{8.4}$$

并且有

$$k_m = \ln\frac{100}{100-m} \tag{8.5}$$

$$k_m^* = k_m + 1/2 \tag{8.6}$$

有代表性的 k_m 值如表 8.1 所示。$\overline{\rho}$ 是 1 个声源对应区域的等价半径,可以用声源密度 μ 来表示:

$$\overline{\rho} = \sqrt{1/\pi\mu} \tag{8.7}$$

表 8.1　有代表性的 k_m 值

m	k_m	$\sqrt{k_m}$
5	0.051	0.226
50	0.693	0.833
95	2.996	1.731

尤其是假设地面附近 $(z \approx 1.2\mathrm{m})$ 的声强为

$$(z/\rho_m)^2 \ll 1, \quad m \geqslant 5$$

时,式(8.1)的近似值可根据

$$I_{d,m}(1.2) \approx \frac{w_0 \mathrm{e}^{-\alpha\rho_m/b_0}}{2\pi\rho_m^2} + \mu w_0 \int_{\rho_m^*}^{\infty} \frac{\mathrm{e}^{-\alpha\rho/b_0}}{\rho}\mathrm{d}\rho \tag{8.8}$$

$$= \frac{w_0 \mathrm{e}^{-\alpha\rho_m/b_0}}{2\pi\rho_m^2} - \mu w_0 \mathrm{Ei}\left(\frac{-\alpha\rho_m^*}{b_0}\right)$$

计算出。这里的

$$\mathrm{Ei}(x) = -\int_{-x}^{\infty} \frac{\mathrm{e}^{-t}}{t}\mathrm{d}t = \int_{-\infty}^{x} \frac{\mathrm{e}^{t}}{t}\mathrm{d}t \tag{8.9}$$

就是积分指数函数。并且，通过采用近似的形式：

$$-\mathrm{Ei}\left(\frac{-\alpha\rho_m^*}{b_0}\right) = \int_{\rho_m^*}^{\infty} \frac{\mathrm{e}^{-\alpha\rho/b_0}}{\rho}\mathrm{d}\rho$$

$$\approx \int_{\rho_m^*}^{\rho_m^*+b_0/\alpha} \frac{\mathrm{e}^{-\alpha\rho_m^*/b_0}}{\rho}\mathrm{d}\rho$$

$$= \mathrm{e}^{-\alpha\rho_m^*/b_0}\ln\left[1+\left(\frac{\alpha\rho_m^*}{b_0}\right)^{-1}\right] \tag{8.10}$$

式(8.8)可以表示为

$$I_{\mathrm{d},m}(1.2) \approx \frac{w_0\mathrm{e}^{-\alpha\rho_m/b_0}}{2\pi\rho_m^2} + \mu w_0\mathrm{e}^{-\alpha\rho_m^*/b_0}\ln\left[1+\left(\frac{\alpha\rho_m^*}{b_0}\right)^{-1}\right]$$

$$= \frac{\mu w_0}{2k_m}\mathrm{e}^{-\alpha\eta\sqrt{k_m}}\left\{1+2k_m\mathrm{e}^{-\alpha\eta\left(\sqrt{k_m^*}-\sqrt{k_m}\right)}\ln\left[1+\left(\alpha\eta\sqrt{k_m}\right)^{-1}\right]\right\} \tag{8.11}$$

其中

$$\eta = \bar{\rho}/b_0\left(=\sqrt{1/\mu S_0}\right) = \sqrt{\nu/\mu\beta} \tag{8.12}$$

是各声源占有区域的等价半径 $\bar{\rho}$ 与建筑物的等价半径 b_0 的比值。由此，地面附近的声强 $I_{\mathrm{d},m}(1.2)$ 可以用单位面积的声功率 μw_0 以及声源与建筑物的疏密程度(混杂度)

$$\alpha\eta = \sqrt{\frac{\nu}{\mu}}\frac{2}{\pi}\frac{\sqrt{\beta}}{1-\beta} \tag{8.13}$$

计算出。

8.3　反　射　场

对于反射声，假设其强度在区域内都相同，与第 7 章一样，可以通过公式

$$I_{\mathrm{R}} = \frac{2\gamma}{1-\gamma}\mu w_0 \tag{8.14}$$

计算得出。这里，γ 是区域内 $(z \leqslant h_0)$ 的半扩散场对应的反射系数，可以表示为

$$\gamma = \beta(1 - \alpha_B) \tag{8.15}$$

8.4　百分率噪声等级 L_{Am}

将上述直达声与反射声的强度相加，地面附近声强的上位 $m\%$ 值可以表示为

$$
\begin{aligned}
I_m &= I_{d,m} + I_R \\
&= \frac{\mu w_0}{2k_m} e^{-\alpha\eta\sqrt{k_m}} + \mu w_0 e^{-\alpha\eta\sqrt{k_m^*}} \ln\left[1 + \left(\alpha\eta\sqrt{k_m^*}\right)^{-1}\right] + \frac{2}{T}\mu w_0
\end{aligned} \tag{8.16}
$$

其中

$$T = \frac{1-\gamma}{\gamma} \tag{8.17}$$

是依赖于市区反射系数 γ 的常数(市区常数)。

因此，市区地面附近一般噪声等级(环境噪声)的上位 $m\%$ 值可以用下述公式表示：

$$
\begin{aligned}
L_{Am} &= 10\lg\frac{I_m}{10^{-12}} \\
&= W_\mu + 10\lg\left\{\frac{1}{2k_m} e^{-\alpha\eta\sqrt{k_m}} + \frac{2}{T} + e^{-\alpha\eta\sqrt{k_m^*}} \ln\left[1 + \left(\alpha\eta\sqrt{k_m^*}\right)^{-1}\right]\right\}
\end{aligned} \tag{8.18}
$$

其中

$$W_\mu = 10\lg\frac{\mu w_0}{10^{-12}} \tag{8.19}$$

是地面单位面积的功率等级。

8.5　环境噪声的变动

利用式(8.18)，计算出 β=0.1,0.2,0.3,0.5 时的中值 L_{A50} 及 90%范围的上下限值(L_{A5}、L_{A95})，结果如图 8.3 所示。

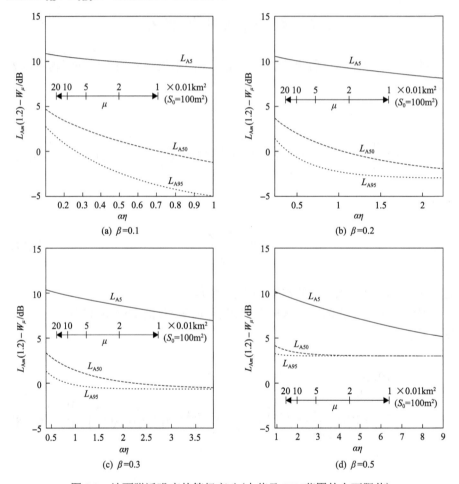

图 8.3　地面附近噪声的等级变动(中值及 90%范围的上下限值)

图 8.3 中的横轴

$$\alpha\eta = \sqrt{\frac{v}{\mu}}\frac{2}{\pi}\frac{\sqrt{\beta}}{1-\beta} \tag{8.20}$$

相对于声源数，建筑物(障碍物)的数目越多，$\alpha\eta$ 的值越大。如果建筑物的数量及面积率一定，那么声源数越多，$\alpha\eta$ 的值越小。但是，仅依据上述信息进行预测是非常不充分的，$\alpha\eta$ 值在现实中处于怎样的一个范围内，需要进一步研究探讨。

例如，假设建筑物一层的地板面积 S_0 为 100m^2，当 β=0.1 时，建筑物密度 ν 是 1000 个/km²，当 β=0.5 时，建筑物密度 ν 是 5000 个/km²。选取市区 1 个街区 100m 正方形区域(0.01km²)作为对象，β=0.1～0.5 时，区域内存在 10～50 个建筑物。另外，在将汽车作为声源的情况下，其密度 μ 预测可达到50～5000 辆/km² 的范围，每一街区(100m 正方形)有 0.5～50 辆。取不同的数值进行组合，$\alpha\eta$ 的试算结果如表 8.2 所示。为了从视觉上给出建筑物与噪声源的密度，针对该表格的一部分数据，制作了 100m×100m 网格中具体的建筑物和声源配置图例，如图 8.4 所示，同时还显示了 $\alpha\eta$ 的值。从图中可以看出，在 S_0=100m² 时，β=0.5 对应于建筑物相当密集的状态。

表 8.2　$\alpha\eta$ 的试算(S_0=100m² 的情况)

β		0.1	0.2	0.3	0.4	0.5
ν/(100 个/km²)		10	20	30	40	50
μ/(100 辆/km²)	0.5	1.00	2.25	3.86	6.00	9.00
	1	0.71	1.59	2.73	4.24	6.37
	2	0.50	1.13	1.93	3.00	4.50
	5	0.32	0.71	1.22	1.90	2.85
	10	0.22	0.50	0.86	1.34	2.01
	20	0.16	0.36	0.61	0.95	1.42
	50	0.10	0.23	0.39	0.60	0.90

下面重新观察图 8.3 的结果。式(8.18)由以下三项构成：

(1)最接近声源(直达声)。

(2)背景声源(直达声)。

(3)反射声。

从图 8.3 可以读取到下述信息：

(1)声源密度 μ 越高，背景声源的贡献越大，等级变动越小。

(2)建筑物的面积率 β 越高，反射声的贡献越大，等级变动越小。

(3)对于 L_{A5}，反射声对最接近声源的 L_{A95} 及 L_{A50} 影响较大。也就是说，高等级(L_{A5})主要由最接近声源决定，等级越低(L_{A95})，对反射声的依赖度就越高。

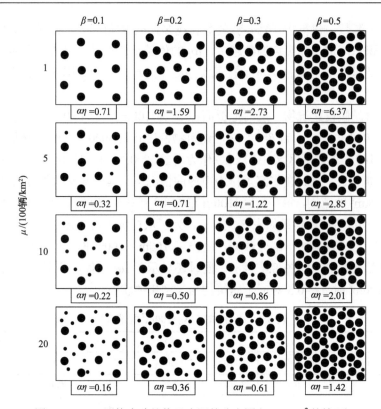

图 8.4　100m 网格中建筑物及声源的分布图($S_0=100\text{m}^2$ 的情况)

8.6　日本市区的 L_{Aeq} 与 L_{A50}

一方面，地面附近($z=1.2\text{m}$)声强的平均值可通过公式

$$\overline{I}(1.2) = \overline{I}_{\text{d}}(1.2) + I_{\text{R}}(1.2) \tag{8.21}$$

求出。这里的 $\overline{I}_{\text{d}}(z)$ 代表直达声强的平均值，与式 (7.20) 的 $I_{\text{d}}(z)$ 等价，根据

$$\overline{I}_{\text{d}}(z) = \frac{\mu\, w_0}{2} \ln\left[1 + \left(\frac{h_0}{\alpha z}\right)^2\right] \approx \mu\, w_0 \ln\left(\frac{h_0}{\alpha z}\right) \tag{8.22}$$

及反射声强

$$I_R(z) = \mu w_0 \frac{2\gamma}{1-\gamma} = \mu w_0 \frac{2}{T}, \quad 0 \leqslant z \leqslant h_0 \tag{8.23}$$

进行评价，可通过公式

$$\overline{I}(1.2) = \mu w_0 \left[\ln\left(\frac{h_0}{1.2\alpha}\right) + \frac{2}{T} \right] \tag{8.24}$$

计算出 $\overline{I}(1.2)$。另外，可通过

$$L_{Aeq}(1.2) = W_\mu + 10\lg\left[\ln\left(\frac{h_0}{1.2\alpha}\right) + \frac{2}{T} \right] \tag{8.25}$$

推测出 L_{Aeq} 的值。

该值与之前计算出的地上高度 $z=1.2$m 处的 L_{A50} 值之间的等级差如图 8.5 所示。从图中可以看出，L_{Aeq} 与 L_{A50} 的等级差具有如下特征：

(1)地上高度 1.2m 处的等级差并不受建筑物高度的影响(1dB 左右的变化)。

(2)通常预测状况下的等级差为 3～8dB(5dB 左右)。

(3)建筑物的面积率 β 越高，受反射声的影响越大，等级差越小。

(4)声源密度 μ 越小，等级差越大。

名古屋市区的环境噪声测量调查结果显示，L_{Aeq} 与 L_{A50} 的等级差平均为 6dB[3]。

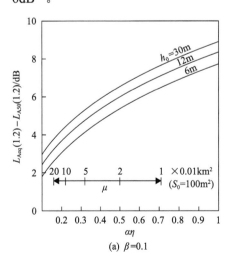

(a) β=0.1

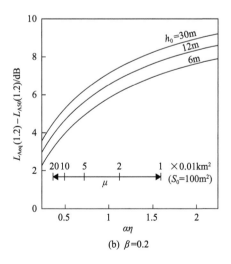

(b) β=0.2

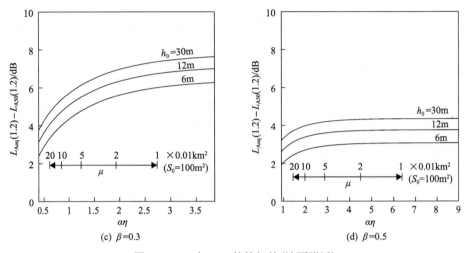

图 8.5　L_{Aeq} 与 L_{A50} 的等级差(地面附近)

参 考 文 献

[1] 野呂雄一他, "環境騒音の物理モデル III – 騒音レベルの変動 – ", 日本音響学騒音・振動研究会資料 N-2009-51(2009).

[2] 久野和宏, 野呂雄一編, "建築音響"(技報堂出版, 2005), pp.262-266.

[3] 久野和宏編, "騒音と日常生活"(技報堂出版, 2003), p.84.

第 9 章　基于 GIS 的环境噪声分析与预测

使用 GIS 能够方便快速地从技术及经济层面整理环境信息。在环境噪声领域，已经能够看到在越来越多的事例中使用 GIS[1]。1998 年修订的《噪声相关的环境标准》中引入了更全面的评价，在《噪声相关的环境标准评价手册》[2]中也推荐使用 GIS[3]。本章使用 GIS 对城市(地区)的道路网(交通量)及土地使用等与环境噪声的测量调查数据的关系进行分析，并分析其与物理模型 I (第 6 章)的对应关系。

9.1　使用 GIS 整理数据

在对 GIS 进行概述的同时，本节先对各网格数据的 GIS 所对应的基本状况进行说明。

9.1.1　GIS 简介

GIS 将人造卫星及现场探查获得的地理信息及各种各样的附带信息进行综合管理，可以在计算机上显示并进行检索；从空间及时间方面，对数据进行分析及编辑，用于土地及设施监测、道路的管理、城市规划等领域[4]。

世界上首台实用型 GIS 是由加拿大渥太华市开发的，用于收集加拿大的土地使用信息，并对信息进行保存及分析，其还具备分类功能。之后，伴随着计算机技术的发展，ESRI、MapInfo、CARIS 等厂家开始致力于对加拿大 GIS 软件的开发，并开始外售。

在日本，遥感技术及计算机科学技术的进步，促进了相关系统及软件的开发，城市工程规划领域的学者开始致力于对固定资产及城市规划分析方法的探讨，并逐渐成为主流。日本阪神大地震以后，在政府及民间团体的带领下，开始以灾害为对象进行调查研究及区域市场分析，并希望城市工程学能够作为营救支援工具，用于民间活动。

本章使用 GIS 将名古屋市区划分为 9.1.2 节所述的标准地区网格[5]，收集并整理每个网格的道路交通网、土地使用状况，以及居住区的噪声等级等，并对它们相互之间的关系进行说明。作者采用 GIS 管理的数据的大致情况如下。

1) 土地的使用状况[6]

由日本国土地理院制作的"详细数值信息(10m 网格土地使用)中部地区1991"中，将市区分为 10m 间隔的网格，通过航空设备确认每个地区的使用状况。

2) 道路交通网及交通量[7]

根据日本国土交通省于 1991 年实施的 OD 调查(起讫点调查)结果，汇总了干线道路的地理信息及汽车的交通量、车型构成、平均行驶速度等。

3) 人口密度[8]

根据 1995 年的国情调查结果，由名古屋市公开的每一个标准地区网格的常住人口(居住在该地区的人口、夜间人口)及白天人口(用常住人口减去因上班、上学而流出的人口)。

4) 环境噪声相关的社会调查数据[9]

环境噪声相关的社会调查数据是指作者等长年收集的居住区噪声暴露量及居民对声环境的反应相关的问卷调查结果。地理信息中包含 JIS 规定的标准地区网格代码。

特别是，将宏观上被视为面声源的汽车流通量转换成网格数据，并且将各个地点观测到的噪声等级也转换成网格数据，从地理方面整体讨论噪声源与环境噪声的关系。

9.1.2　地区网格统计

将地区用纵横直线划分成一定间隔的网格(网)，称为地区网格。在该地区网格中，对各个网格的统计数据进行编辑、整理，称为地区网格统计。众所周知，这是一种采用定量的统计资料对地区进行分类的方法。将地区划分为大致一样大小及形状的单位，方便对网格间的计量数据进行比较。由于采用大致呈正方形的网格，分布较为规则且造型比较简单，非常有利于明确位置、计算距离及面积，进行空间分析，因此地区网格统计是一种有效的地区分析方法[5]。

网格的设定通常参照经纬度进行。根据 JIS 的规定，经度间隔 30′，纬度间隔 45′，得到大约 1km 的正方形网格，用于制作标准地区网格。图 9.1 是作为分析对象的名古屋市区 324 个标准地区网格的示意图。

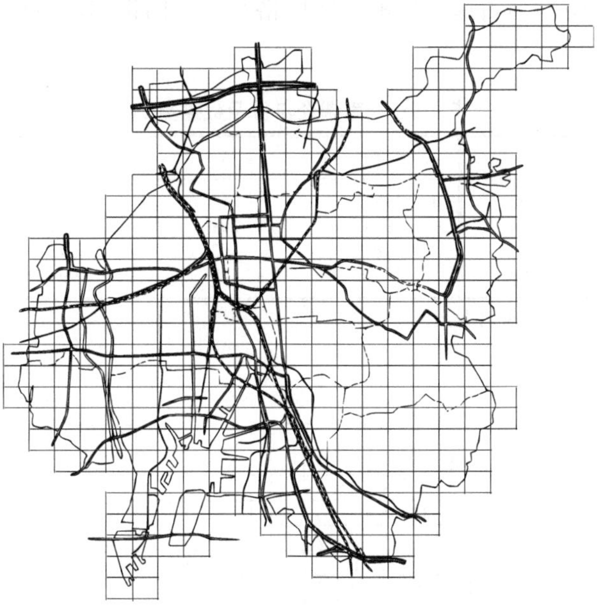

图 9.1　名古屋市区的标准地区网格

GIS 将调查数据与地理信息相结合，汇集区域内的道路长度信息，可以方便地把握并分析地区特征。

9.2　环境噪声的分布

长年以来对名古屋市进行了居住区环境噪声的测量及居民对声环境反应的相关调查[9]。在此，将这些数据对应的标准地区网格进行整理，从整体上分析环境噪声分布[10]。

9.2.1　噪声调查数据

环境噪声调查的目的是分析城市环境噪声的实际状况与居民对声环境的反应的关系。自 1982 年到 1994 年，收集的日常数据量如表 9.1 所示。12 年间积累了 2051 个地点的数据[9]。

环境噪声的测量中，在居住区的代表性地点设置自动记录型声级计，以 10min 为间隔，测量 24h 的 $L_{\text{Aeq,1/6h}}$ 及 $L_{\text{A50,1/6h}}$ 值。在 GIS 中输入测量地点的标准地区网格代码(JIS)，将 2051 个地点分布在名古屋市区内的 324 个标准地区网格中。名古屋市区的地区网格及每个网格的测量地点数如图 9.2 所示。

表 9.1　噪声调查年份及数据量 N

年份	N	年份	N	年份	N
1982	315	1987	240	1991	129
1983	112	1988	209	1992	91
1984	220	1989	157	1993	155
1985	218	1990	108	1994	97

译者注：原书中缺少 1986 年的数据。

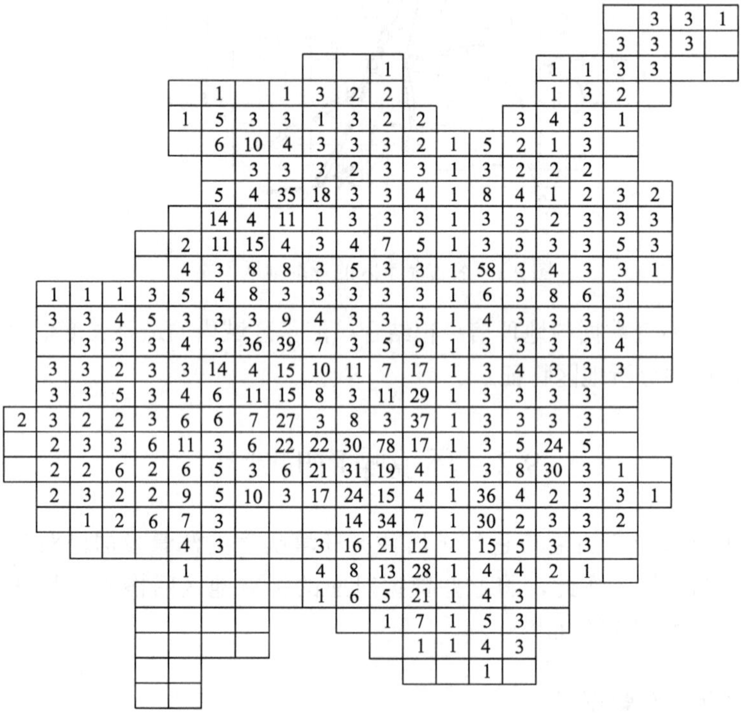

图 9.2　名古屋市区的地区网格及每个网格的测量地点数

9.2.2　$L_{Aeq,24h}$ 的整体分布

计算测量中得到 24h 的 144 个 $L_{Aeq,1/6h}$ 的平均值，也可以求出各个测量地点的 $L_{Aeq,24h}$ 值。同时整理 2051 个 $L_{Aeq,24h}$ 在每个网格中的分布，将每个网格

内的算术平均值作为各网格的环境噪声代表值。代表各网格的 324 个 $L_{Aeq,24h}$ 的次数分布如图 9.3 所示。代表各网格的 $L_{Aeq,24h}$ 以 60dB 为中心，大致分布在 50～70dB 范围内，每间隔 5dB 被分成 5 个层次，如图 9.4 所示。在商业和教

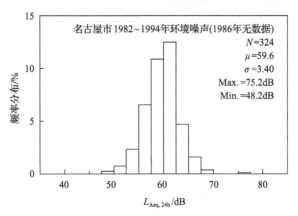

图 9.3　代表各网格的 $L_{Aeq,24h}$ 的频率分布

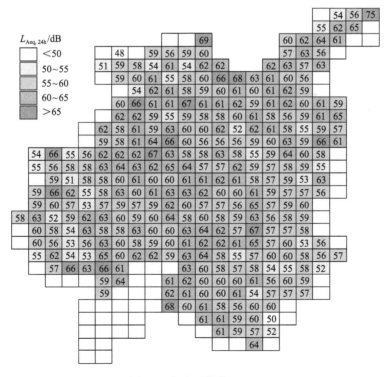

图 9.4　每个网格的 $L_{Aeq,24h}$

育用地的市中心地区，等级高且颜色深，而住宅地区及农田等分布广泛的东南部地区，等级较低且颜色分布较浅。

9.2.3 不同时间段 $L_{Aeq,6h}$ 的整体分布

本节将 1 天以 6h 为单位划分成 4 个时间段，分析每个时间段 $L_{Aeq,6h}$ 的整体分布。首先将各测量地点的 10min 间隔的 $L_{Aeq,1/6h}$ 对应不同的时间段，求出 4 个功率平均值，然后整理各个网格的数值，求出算术平均值作为代表值。代表各网格不同时间段的 $L_{Aeq,6h}$ 的频率分布如图 9.5 所示，整体分布如图 9.6 所示。名古屋市区 0:00～6:00 时间段最为安静，整体噪声等级较低；白天 6:00～12:00 即上午时间段社会活动活跃，尤其是市区中心地区噪声等级大幅上升，12:00～18:00 即下午时间段内，周边地区噪声等级也出现

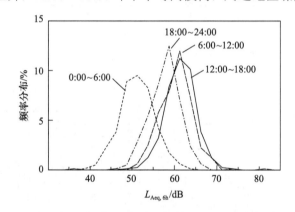

图 9.5　代表各网格不同时间段的 $L_{Aeq,6h}$ 的频率分布

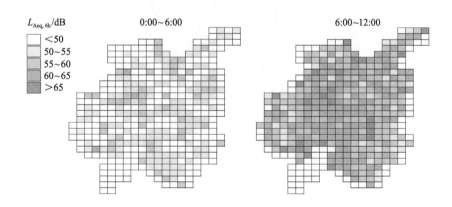

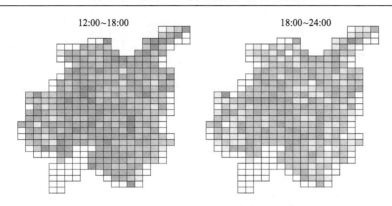

图 9.6　不同网格的不同时间段的 $L_{Aeq,6h}$

了上升；在社会活动逐渐减少的 18:00～24:00 即晚上时间段内，噪声等级下降，整体逐渐安静下来。

通过噪声网格的数据化，可以全面把握城市声环境的时间变化状况。

9.3　土地使用与环境噪声

日本国土地理院参照航空设备拍摄的照片，对土地的使用状况进行了分析。本节使用"详细数值信息(10m 网格土地使用)中部地区 1991"整理名古屋市区的土地使用状况，并研究其与环境噪声的关系[10]。

9.3.1　10m 网格土地使用数据

日本国土地理院使用收集的资料及航空设备拍摄的照片，以 5m 为间隔将土地使用状况划分为 15 种[6]。将 10m×10m 的网格转换成数据，采用各网格内包含的 4 个分类中最多的一种。名古屋市区的 10m×10m 网格土地使用情况如图 9.7 所示。在这里，重新对土地使用状况进行了种类划分，分成"住宅地区"、"商业和教育用地"、"工业用地"、"道路用地"及"其他(农田等)"5 种。

市区的中心地区及名古屋车站周边的西北部地区中，颜色较深的道路用地、商业和教育用地相对集中，东南部地区浅颜色的住宅地区及农田等比较广阔。这个深浅的趋势在 9.2 节的噪声分布中有所体现，可以观察出环境噪声与土地使用的关系。

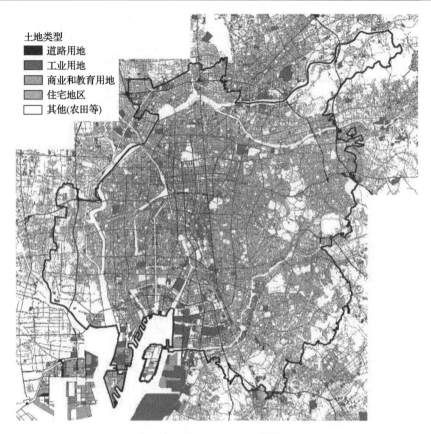

图9.7　名古屋市区的10m×10m网格土地使用情况

　　因此，将土地使用数据划分为标准地区网格，用GIS求出不同网格的5种土地类型的比例，分析其与噪声数据的关系。

9.3.2　土地使用与$L_{Aeq,24h}$

　　求324个标准地区网格的"住宅地区"、"商业和教育用地"、"工业用地"、"道路用地"的使用比例，图9.8中显示的是其频率分布。"商业和教育用地"中除了公园及绿地，还包含公共公益设施用地。"住宅地区"使用比例主要集中在0~0.5，分布比较广泛，与此相对，"工业用地"使用比例主要集中在0~0.15。

　　下面针对各种土地使用的比例与9.2节求出的代表各网格的$L_{Aeq,24h}$值，分析两者之间的关系。"工业用地"使用比例与网格内代表性声强的分布如图9.9所示。在此，以代表性的噪声声强60dB为标准，以$L_{Aeq,24h}$-60的指数

$10^{(L_{Aeq,24h}-60)/10}$ 为纵轴，选择噪声数据在 10 以上的 50 个网格作为分析对象进行分析。"工业用地"使用比例对应的声强的决定系数 r^2 为 0.170（相关系数 $r=$ 0.412），"工业用地"较多的网格内噪声较大。图 9.10 是"住宅地区"使用比例与声强的分布图。虽然决定系数 0.118（$r=-0.343$）较小，但是住宅较多的网格内，噪声有相对降低的趋势。表 9.2 给出了网格内的代表性声强 $10^{(L_{Aeq,24h}-60)/10}$ 与 4 种土地使用比例的相关系数及偏相关系数。相关系数中，"住宅地区"显示负值，而与此相对，"商业和教育用地"、"工业用地"、"道路用地"显示正值，即使用比例越高噪声越大。排除其他土地使用影响后的偏相关系数中，"工业用地"最大，为 0.371，其次是"道路用地"，达到了 0.335。

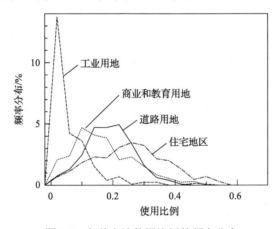

图 9.8　各种土地使用比例的频率分布

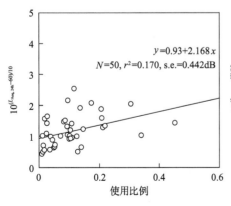

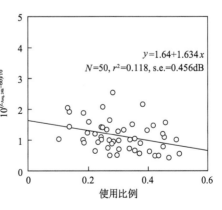

图 9.9　$L_{Aeq,24h}$ 与"工业用地"使用比例的
关系（s.e.代表标准误差，下同）

图 9.10　$L_{Aeq,24h}$ 与"住宅地区"
使用比例的关系

表 9.2　网格内的声强与土地类型间的关系

土地类型	相关系数	偏相关系数
住宅地区	−0.343	0.108
商业和教育用地	0.276	0.166
工业用地	0.412	0.371
道路用地	0.289	0.335

　　下述公式以 4 个使用比例作为变量(x_1 代表"住宅地区"、x_2 代表"商业和教育用地"、x_3 代表"工业用地"、x_4 代表"道路用地"),对 $10^{(L_{\text{Aeq,24h}}-60)/10}$ 进行多元回归分析:

$$10^{(L_{\text{Aeq,24h}}-60)/10} = -0.291 + 0.69x_1 + 1.12x_2 + 2.62x_3 + 3.29x_4$$
$$N = 50, \quad r^2 = 0.293, \quad \text{s.e.} = 0.408 \tag{9.1}$$

"住宅地区"x_1 的回归系数为 0.69,而与此相对应"商业和教育用地"x_2 的回归系数为 1.12,约是"住宅地区"回归系数的 1.6 倍,x_3 与 x_4 的回归系数分别约是"住宅地区"回归系数的 3.8 倍及 4.8 倍。决定系数 r^2 为 0.293,虽然相对于回归公式较小,但是与噪声值通常按照"住宅地区"、"商业和教育用地"、"工业用地"、"道路用地"的顺序逐渐增大的趋势是一致的。用回归公式 (9.1) 求出的 $L_{\text{Aeq,24h}}$ 以及用实测值求出的代表网格 $L_{\text{Aeq,24h}}$ 的分布如图 9.11 所示。图中的直线是假设斜率为 1 时求得的回归直线。最低噪声为 −0.3dB 时,两者几乎不存在平均差,标准误差 (s.e.) 超过了 1.5dB。

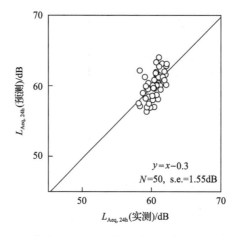

图 9.11　$L_{\text{Aeq,24h}}$ 的实测值与预测值(回归公式得出的预测值)的关系

从土地使用角度获得的上述分析结果显示，环境噪声的负荷（贡献）中，"商业和教育用地"、"工业用地"、"道路用地"噪声的负荷分别是"住宅地区"的 1.6 倍、3.8 倍及 4.8 倍，可以说呈现出的现象还是比较合理的。但是，决定系数较小，分析精度较低。

下面以地区内的汽车行驶距离及里程生产量为对象，分析其与环境噪声的关系。

9.4　道路网与环境噪声

城市环境噪声主要来自道路交通中的汽车。在此将着眼于名古屋市区的道路网，根据日本国土交通省在 1991 年实施的 OD 调查结果，采用 GIS求出各标准地区网格内的汽车行驶距离及里程生产量，分析其与噪声数据的关系[11,12]。

9.4.1　道路网与市区的里程生产量

名古屋市区的道路网如图 9.12 所示，332 个网格中道路总长度达到了842.5km。有关市区的交通量，采用第三次中京都城市圈的交通实地调查（1991 年）结果中该道路网分配的车流量[7]。有关各道路的交通流量分配，采用每小时内的轿车、客车、小型货车、普通货车 4 种车型构成的数据，并据

图 9.12　分析中使用的名古屋市区的道路网及标准地区网格

此推测出各网格中的里程生产量 Σ_{ql}。在这里,从声响角度将 1 辆大型车换算为 5 辆小型车。

9.4.2 $L_{\text{Aeq,1h}}$ 与 Σ_{ql} 的时间变化

针对名古屋市内 2041 个地点观测到的噪声数据,求出不同时刻的 $L_{\text{Aeq,1h}}$ 的算术平均值及变化值(标准差、90%范围,最大值和最小值),结果如图 9.13 所示。$L_{\text{Aeq,1h}}$ 在凌晨 2:00 左右最低,早晨 7:00 开始升高。标准差为 6.24~8.33dB,尤其是等级低的噪声在深夜偏差较大。

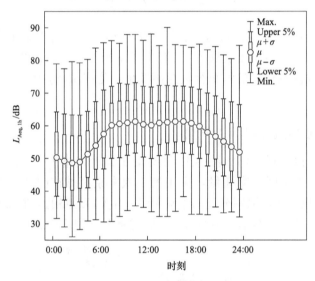

图 9.13　每小时的 $L_{\text{Aeq,1h}}$ 的算术平均值及变化值(N=2041)

图 9.14 是针对积累噪声调查数据统计的 322 个网格的里程生产量的时间变化曲线。早晨 5:00~7:00 里程生产量迅速增加,白天变化较小,在傍晚 18:00 开始下降。凌晨 0:00~早晨 5:00,显示出的值大约相当于白天的 1/10。名古屋市区内(约 322km²)的里程生产量达到了 83041~2225139 辆·km/h,其时间变化与 $L_{\text{Aeq,1h}}$ 的变化之间存在密切的关系。

代表名古屋市区的 L_{Aeq} 取所有样本的功率平均值,使用第 6 章的理论,由式(6.45)可以得出其与里程生产量 Σ_{ql} 之间的关系,表示为

$$L_{\text{Aeq,1h}} \approx 10\lg\sum_{ql} +2 \tag{9.2}$$

当 S=322km²、ΔR =2dB 时,Σ_{ql}=10⁵~2×10⁶ 辆·km/h,得出名古屋市区的 $L_{\text{Aeq,1h}}$ 的代表值为 52~65dB。

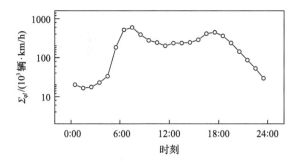

图 9.14　名古屋市内的里程生产量的时间变化曲线

以下将采用回归分析法，分析该预测公式的合理性。

9.4.3　$L_{\text{Aeq,1h}}$ 与 Σ_{ql} 的分布图分析

计算出所有样本每小时的功率平均值作为名古屋市区的 $L_{\text{Aeq,1h}}$ 代表值，1天中的时间变化曲线如图 9.15 所示。图 9.16 是 1 天中各时刻 $L_{\text{Aeq,1h}}$ 的功率平均值与里程生产量 Σ_{ql} 的关系分布图。图中的○是早晨 5:00～7:00 的数据，●是白天 8:00～22:00 的数据，□是夜间 23:00～次日 4:00 的数据。早晨的数据位于稍微偏下方的位置，但两者之间存在很强的相关性，决定系数 r^2 为 0.843，回归直线的标准误差(s.e.)为 1.31dB。但是，回归公式中 Σ_{ql} 的系数(斜率)为6.01，与预测公式(9.2)的斜率 10 相比，变化是非常平缓的。

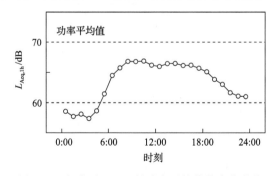

图 9.15　每小时 $L_{\text{Aeq,1h}}$ 的功率平均值的变化曲线

另外，名古屋市区的 $L_{\text{Aeq,1h}}$ 代表值采用了样本的中值及算术平均值，同样绘制里程生产量 Σ_{ql} 的分布图，得到回归直线的斜率分别为 8.60、8.37，均接近 10(图 9.17、图 9.18)。从上述结果来看，安静时间段内少数高等级的特殊数据，对样本噪声的功率平均值产生了较大的影响。

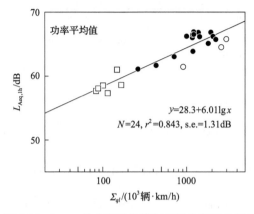

图 9.16　$L_{Aeq,1h}$ 的功率平均值与里程生产量的关系

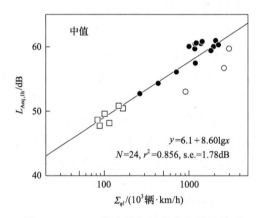

图 9.17　$L_{Aeq,1h}$ 的中值与里程生产量的关系

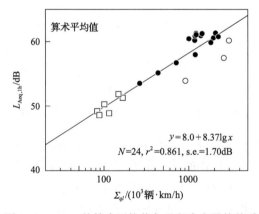

图 9.18　$L_{Aeq,1h}$ 的算术平均值与里程生产量的关系

现假设由于某种原因，上下共有 10%左右的样本为特殊数据，这里考虑去除上下限各 5%的数据，取 90%范围内的数据集合。求每小时 $L_{\text{Aeq,1h}}$ 的功率平均值及算术平均值，1 天内的变化曲线如图 9.19 所示。当然两者间的相关性会进一步加强。$L_{\text{Aeq,1h}}$ 的平均等级与里程生产量 Σ_{ql} 之间的关系如图 9.20 所示。r^2 上升到 0.863、0.861 后，回归直线的斜率为 7.38、8.47，均接近 10。也就是说，以 90%范围内的数据为对象，名古屋市区 $L_{\text{Aeq,1h}}$ 的功率平均值与里程生产量之间的回归关系接近式(9.2)。

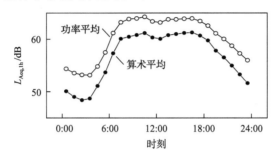

图 9.19　每小时 90%范围内的平均等级变化曲线

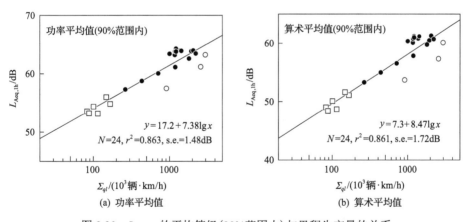

(a) 功率平均值　　　　　　　　　(b) 算术平均值

图 9.20　$L_{\text{Aeq,1h}}$ 的平均等级(90%范围内)与里程生产量的关系

仅仅去除上限 5%的数据，也能得到大体一致的结果，由此看来，去除少数较大的特殊数据，是可以得到大致合理的宏观预测公式的。

9.4.4　去除早晨(5:00～7:00)时间段的情况

仔细观察上述分布图，发现早晨 5:00～7:00 时间段的数据通常位于回归直线的下侧，且偏离度较大。在城市早晨交通量剧增的这一时间段，相比其他时间段呈现出不同的特点。因此，以去除早晨（3h）的 21h 的分布图重新进行回归，结果如图 9.21 所示。与图 9.20 相比，r^2 在达到 0.948 后，随着值的进一步扩大，斜率也逐渐达到 8.14，接近于 10。图中的虚线是以斜率 10 求出的回归直线。回归公式可表达为

$$L_{Aeq,1h} = 10 \lg \Sigma_{ql} + 2.4$$
$$N = 21, \quad \text{s.e.} = 1.33(\text{dB})$$

(9.3)

与预测公式（9.2）相符。

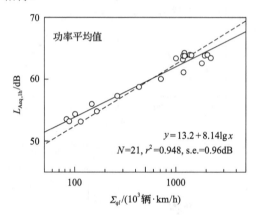

图 9.21　90%范围内的平均等级与里程生产量的关系
（去除 5:00～7:00 其余 21h 的情况）

如此一来，可以根据道路网汽车的交通分配情况，大致推算出名古屋市区的宏观环境噪声的状态。

9.4.5　日本市区的划分情况

本节对市区更为狭窄的区域内道路网与环境噪声的关系进行分析，研究预测公式的合理性[12]。以下将针对名古屋市区的 322 个标准地区网格，结合所收集的噪声数据及土地使用情况，将道路网划分为 12 个区域。图 9.22 是市区的道路网及 12 个区域。名古屋市区的高速公路用粗线表示。各区域的面积（网格数）、噪声数据的汇总数及道路长度如表 9.3 所示。

和 9.4.4 节一样，去除各区域及各时刻上下限 5%的数据，求 90%范围内数据的 $L_{Aeq,1h}$ 的功率平均值。图 9.23 是 2 号区域内各时刻的功率平均值与对应区域内 1km^2 的里程生产量 $\lg(\Sigma_{ql}/S_\phi)$ 的分布图。虽然早晨的数据曲线略微

图 9.22 名古屋市区的道路网及 12 个区域

表 9.3 各区域内的网格数 S_ϕ、噪声数据的汇总数 n 与道路长度 l_k

区域	S_ϕ/km^2	n	l_k/km	l_k/S_ϕ
1	39	111	81.4	2.09
2	21	145	65.5	3.12
3	24	215	96.5	4.02
4	21	153	45.2	2.15
5	28	95	99.1	3.54
6	24	159	117.4	4.89
7	16	332	53.8	3.36
8	17	201	46.6	2.74
9	48	132	100.7	2.10
10	36	198	67.6	1.88
11	22	160	36.5	1.66
12	26	140	32.4	1.25
合计	322	2041	842.7	

向下移,但是两者之间存在很强的相关性,决定系数 r^2 为 0.824,回归直线的标准误差为 1.90dB,斜率是 8.13。各区域的分析结果如表 9.4 所示。r^2 均在 0.8 以上,斜率除了区域 3、5、6、7、8,其他区域均超过了 7。

斜率低于 7 的 5 个区域中,交通量与其他地区存在一些不同。实际上这些区域有名古屋高速公路穿过(图 9.22 的粗线)。名古屋高速公路是市区内设置的汽车专用道路,大部分都位于干线道路之上,呈双层构造,且高架部分均设置了隔声设施,对周边的影响与平面道路大相径庭。上述分析结果也认为存在这方面的影响。

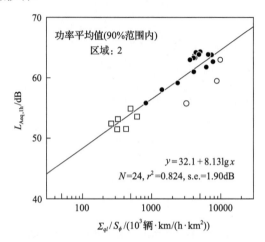

图 9.23　$L_{\mathrm{Aeq,1h}}$ 的功率平均值(90%范围内)与里程生产量的关系

表 9.4　根据不同区域的 $L_{\mathrm{Aeq,1h}}$ 的功率平均值(90%范围内)对里程生产量进行回归分析
(N=24,y 代表 $L_{\mathrm{Aeq,1h}}$,x 代表 $\sum_{ql}/S_{\phi}$)

区域	回归公式	r^2	s.e./dB
1	y=33.2+8.00lg$x$	0.864	1.62
2	y=32.1+8.13lg$x$	0.824	1.90
3	y=39.1+6.41lg$x$	0.833	1.70
4	y=34.7+7.99lg$x$	0.818	1.81
5	y=40.0+6.37lg$x$	0.821	1.72
6	y=37.7+6.32lg$x$	0.868	1.38
7	y=37.5+6.89lg$x$	0.835	1.64
8	y=41.0+5.66lg$x$	0.824	1.48
9	y=29.9+8.88lg$x$	0.819	1.66
10	y=36.0+7.20lg$x$	0.804	1.75
11	y=36.6+7.21lg$x$	0.859	1.72
12	y=36.5+7.30lg$x$	0.845	1.43
整体	y=37.2+6.89lg$x$	0.803	1.88

9.4.6　根据时间长度对 L_{Aeq} 进行平均化

本节分析将宏观模型应用于实测数据时作为空间及时间的指标取多大较为合理[12]。

　　将不含高速公路的 7 个区域数据汇总在一个图中，其分布如图 9.24 所示。r^2 为 0.811，$L_{Aeq,1h}$ 可以通过 $\lg(\sum_{ql}/S_{\phi})$ 进行说明。图 9.25 是将 $L_{Aeq,T}$ 的观测时间 T 延长至 6h、12h 的分布图。随着时间长度 T 的增加，数据越来越平均，与回归直线的误差越来越小。$L_{Aeq,12h}$ 中，s.e.为 0.85dB，低于 1dB 时，回归直线的斜率也变成了 9.35，大致与理论值 10 相符合。去除特殊的噪声数据，设定较长的观测时间时，不仅结果更为稳定，根据能量平衡原理，宏观预测模型的合理性也获得了提升。

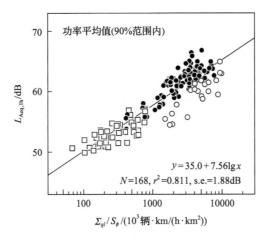

图 9.24　不含高速道路区域的 $L_{Aeq,1h}$ 的功率平均值与里程生产量的关系

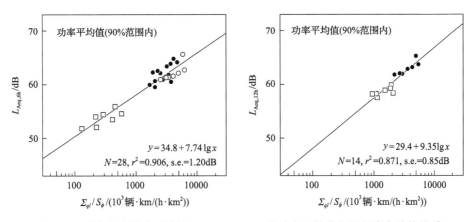

图 9.25　不含高速道路区域的 $L_{Aeq,6h}$、$L_{Aeq,12h}$ 的功率平均值与里程生产量的关系

　　将各观测时间为 T 时的斜率规定为 10，求得回归公式的结果如表 9.5 所示。回归公式不受观测时间 T 的影响，可表示为

$$L_{Aeq} \approx 10\lg\left(\sum_{ql}/S\right) + 27 \tag{9.4}$$

该公式验证了第 6 章中的宏观理论公式 (6.48) 的合理性。通过式 (6.47) 计算得到反射引起的市区噪声等级的增量 ΔR 为 2dB 左右。

表 9.5　根据 $L_{Aeq,T}$ 的功率平均值 (90% 范围内) 对里程生产量进行回归分析
(斜率固定为 10，y 代表 $L_{Aeq,T}$，x 代表 $\sum_{ql}/S_{\phi}$)

T	n	回归公式	s.e./dB
1h	168	$y=27.2+10\lg x$	2.26
3h	56	$y=27.4+10\lg x$	2.08
6h	28	$y=27.5+10\lg x$	1.61
12h	14	$y=27.2+10\lg x$	0.87
24h	7	$y=27.4+10\lg x$	0.73

参 考 文 献

[1] 例えば，塩田正純，"環境騒音と GIS"，騒音制御 29 (2)，pp.73-75 (2005).

[2] 環境庁，"騒音に係る環境基準評価マニュアル I・II" (2000).

[3] 藤本一寿，"GIS を活用した道路交通騒音評価システム"，騒音制御 29 (2)，pp.83-87 (2005).

[4] 古田均，田中成典，吉川真，北川悦司，"基礎からわかる GIS" (森北出版，2005).

[5] JIS X 0410，"地域メッシュコード" (1976).

[6] 国土地理院，"細密数値情報 (10m メッシュ土地利用) 中部圏 1991 (財団法人日本地図センター)".

[7] 松井寛，藤田素弘，"高速道路を含む都市圏道路網における利用者均衡配分モデルの実用化に関する研究"，土木学会論文集 653/IV-48，pp.85-94 (2000).

[8] http://www.city.nagoya.jp/shisei/category/67-5-3-0-0-0-0-0-0-0.html.

[9] 久野和宏編，"騒音と日常生活" (技報堂出版，2003)，pp.81-147.

[10] 龍田建次，吉久光一，久野和宏，"都市環境騒音と土地利用の関係 (GIS を用いたメッシュデータによる検討)"，日本騒音制御工学会研究発表会講演論文集，pp.5-8 (2006).

[11] 龍田建次，野呂雄一，吉久光一，久野和宏，"市街地における環境騒音の巨視的な予測モデル (道路網との関係)"，日本音響学会誌 64 (11)，pp.639-646 (2008).

[12] 龍田建次，野呂雄一，吉久光一，久野和宏，"地域の環境騒音と自動車交通流 (GIS によるメッシュデータを用いた検討)"，電気学会論文誌 C 129 (12)，pp.2129-2135 (2009).

第 10 章　基于神经网络预测环境噪声

在环境噪声的评价中，常选择一年中能够体现平均状况的日期，采用 JIS Z 8731 中规定的噪声等级测量法测量噪声等级[1]。噪声随着日期、气候、周围环境、偶发现象等不断变化。在以广阔地区为对象实施的调查中，虽然想尽可能地对更多的地点进行长时间的观测，但需要花费大量的人力及时间、经费。这就是实际应用中，要求开发出能够通过短时间测量值推测出长时间噪声评价量的方法的原因。

《噪声相关的环境标准》[1]中也记载有"与划分不同的时间，针对全部时间段进行连续测量的情况相比，在统计学上能够确保足够精度的情况下，根据噪声等级的变动条件进行推算，可以缩短实测时间"，"在无法确保必要的实测时间时，可根据道路交通量等的条件，推测出噪声等级，可以用这种方法来代替测量的方法"。

本章根据名古屋市区的调查数据，结合地区类型及观测时间段，构建由环境噪声的短时间测量值推测出长时间评价量的神经网络，并对其有效性进行说明。

10.1　神经网络定义

神经网络是指生物的大脑及神经系统中的神经回路网络，本书中是指人工神经网络模型，是一种用于实施信号处理及识别的系统[2](从这个意思来讲，可能称为神经网络模型更为合适)。生物神经网络中集合了大量的神经元(神经细胞)，发挥了用于信息输入输出的信息处理因子的作用。每个神经元由细胞体、树状突起及轴索三部分构成。轴索的末端有一个被称为突触的部分，该部分与其他神经元的树状突起相连，构成复杂的网络。

神经网络中相当于生物体的神经细胞的单元如图 10.1 所示，能够进行输入输出。

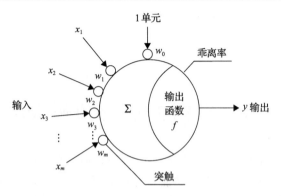

图 10.1 神经元模型

该模型的输入输出信号的计算，可以用下述公式表示：

$$y = f\left(\sum_{j=1}^{m} w_j x_j + w_0\right) \tag{10.1}$$

其中，w_j 是第 j 个输入信号 x_j 的权重；w_0 是权重系数。输出函数中采用了如下激励函数（图 10.2）：

$$f(u) = \frac{1}{1 + \exp(-u)} \tag{10.2}$$

使用这种非线性的函数是神经网络的最大特征，可实现复杂的信息处理。

该计算单元如图 10.3 所示，呈层状，称为阶层型神经网络，从输入层到输出层全部按照顺时针方向结合。

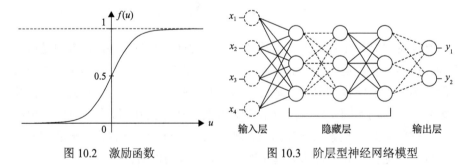

图 10.2 激励函数　　　　　图 10.3 阶层型神经网络模型

为了使神经网络能获得期望的输入输出关系，有必要设定合理的计算单元间的结合权重（相当于结合强度公式（10.1）中的 w_j）。在实现线性输入输关系的多元回归模型中，常采用最小二乘法，按照一定的评价标准，这样虽然可以确定最小化的回归系数，但是为了缩小神经网络中的误差，需要渐近地更新 w_i 值。该过程称为学习，众所周知的有反向传播(back-propagation，BP)算法等。另外，根据学习参数的设计及结合权重的更新次数(学习次数)，预测误差(学习误差)会发生变化，设置起来非常困难。为了提高获取复杂输入输出关系的能力而过度地缩小学习误差，会引起未知输入的预测精度恶化，这种现象(过度学习)与生物的学习过程类似，也是神经网络的一个重要特征[2]。

10.2 学习与评价用数据组合的构成

神经网络的学习及评价中，需要运用(预测)设想的多个输入模型以及与其对应的输出模型(教师信号或真值)得到数据组合。这里首先针对使用的数据组合进行说明。

10.2.1 名古屋城市环境噪声的实测数据库

在名古屋市的 2051 个住宅用地处设置声级计，目前已公布自 1982 年到 1994 年间环境噪声的实测数据库[3,4]。如第一部分及第 9 章所述，在"屋檐下、阳台扶手、盆栽等代表居住区环境噪声的地点"上设置了自动记录型声级计，在日常实施昼夜 24h 的连续测量，每隔 10min 记录等价噪声等级 $L_{Aeq,1/6h}$ 及中值 $L_{A50,1/6h}$，每次记录 1 天的量(144 个)。除了噪声测量值，还将测量地点的状况(测量调查年月日、与铁路的距离、与干线道路的距离、地区用途、居民的问卷调查结果等)转换成数据，形成数据库。

从该数据库抽取各调查地点的 1 天数据量(144 个)的 $L_{Aeq,1/6h}$ 及"测量月份"、"与干线道路的距离"、"与附近道路的距离"、"行车线路数"、"地区用途"等信息，用于网络的学习及评价。

10.2.2 学习与评价用数据组合的制作

这里利用上述名古屋市区的实测(调查)数据，对制作神经网络的学习与评价用数据组合的方法进行说明。

首先，神经网络的输出是环境标准中规定的白天(6:00~22:00)或夜间(22:00~次日 6:00)的等价噪声等级 $L_{Aeq,D}$ 及 $L_{Aeq,N}$ 的预测值，因此需要求出每个地点的真值。这些值可以由数据库中的 $L_{Aeq,1/6h}$ 对应时间段内的统计平均值计算出。

另外，神经网络的输入要素包含"等价噪声等级的短时间实测值"、"测量月份"、"地区类型"等。其中的"等价噪声等级的短时间实测值"与 $L_{Aeq,D}$ 及 $L_{Aeq,N}$ 一样，可以将对应时间段的 $L_{Aeq,1/6h}$ 进行统计平均计算得出。考虑所有的组合，时间段数目庞大，可以将白天设为 10:00~18:00，将夜间设为 22:00~次日 6:00，时间长度以 1h 为刻度，以每 6h 为一间隔。具体理由如下：

(1) 使得白天的时间段数目与夜间一样；

(2) 社会活动稳定，容易进行实测；

(3) 可控制计算机内存的数据量，不至于发生溢出。

因此，中心时刻、时间长度的组合不管白天还是夜间，都选择 1 个地点的 33 个数据。

有关"测量月份"，从测量、调查记录中抽出 1~12 月的数值。对于"地区类型"，参照环境标准的地区类型(及分类)，分成 8 类，分配 1~8 类所对应的数值，如图 10.4 所示。此外，在判断"干线道路及面向 2 条及以上行车线路的道路的地区"时，利用数据库中"与干线道路的距离"、"与附近道路的距离"、"行车线路数"的信息，一律将距离道路 20m 以内的地区划分为"面向道路的地区"。对"A 地区"、"B 地区"、"C 地区"，根据数据库中的"地区用途"信息，做出如下所示的划分：

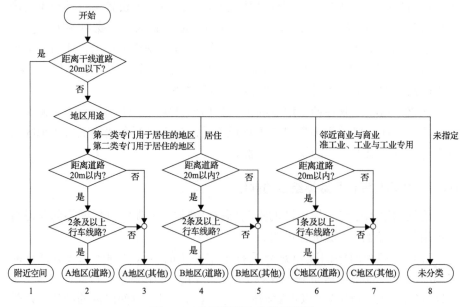

图 10.4 地区类型的分类流程图

(1)A 地区⇔专门用于居住的地区；

(2)B 地区⇔居住地区；

(3)C 地区⇔商业地区及工业地区。

环境标准中"AA 地区"对应的是医院、学校、图书馆等公共设施，以一般居住区为对象的上述数据库中，由于未收集对应地区的数据，将它们排除在分类之外。8 个分类中作为环境标准特例的"接近干线道路的空间"（在网络的输入值中相当于 1），即附近空间。

图 10.5 中显示了不同地区类型在不同测量月份的数据（测量地点）构成比例。虽然 1～2 月的数据量较少，但是并没有欠缺数据组合。众所周知，神经网络的学习及评价中需要各自独立的数据组合。为了使图 10.5 的构成比例不会发生失调，采用随机数将测量地点分成两类（学习用的 1025 个地点及评价用的 1026 个地点）。对于输入值，不仅使用等价噪声等级的短时间实测值，还追加与测量状况相关的 4 个附带信息（地区类型、测量月份、实测的中

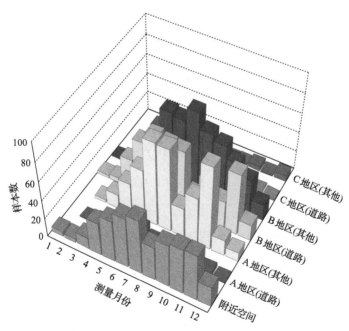

图 10.5　数据样本数的构成比例

心时刻、时间长度），共计 5 个数值，输出采用白天或夜间的长时间实测值，构成数据组合。

结果得到总计 33858 个学习型数值，以及总计 33825 个评价型数值。

10.3　预测网络的构成

预测用神经网络的构成如图 10.6 所示。该神经网络为 3 层，输入层有 5 个要素，隐藏层（中间层）每层包含 5 个要素，输出层有 1 个要素。输入层中包含地区类型（1～7）、测量月份（1～12）、短时间实测值的 $L_{Aeq,T}$（$T=1\sim 6h$），以及求短时间实测值所需要的中心时刻及时间长度。将输出层划分为白天及夜间两个时间段，推测出连续测量长时间实测值（以下标记为 $L_{Aeq,D}$ 或 $L_{Aeq,N}$）的预测结果。

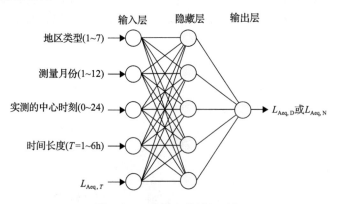

图 10.6　5 个输入的神经网络

隐藏层有 5 个要素单元，当需要学习的模型比较复杂时，可以考虑增加单元数。若隐藏层的单元数剧增到 100 个要素、500 个要素，则可以事前通过 BP 算法进行学习。

图 10.7 和图 10.8 分别是白天及夜间的学习误差曲线，学习和评价误差分别如表 10.1 及表 10.2 所示。

从这些结果来看，隐藏层的单元数即便是从 5 个要素增加至 500 个要素，学习误差也几乎不会发生变化（RMS 误差为 0.03dB），因此认为隐藏层的单元中有 5 个要素是足够的。

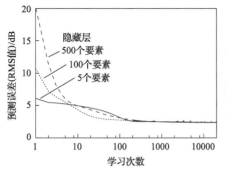

图 10.7　隐藏层的要素数发生变化时的
学习误差曲线(白天)

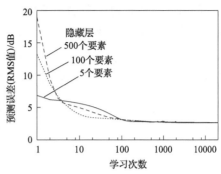

图 10.8　隐藏层的要素数发生变化时的
学习误差曲线(夜间)

表 10.1　隐藏层的要素数发生变化时的学习误差(白天)

白天:输出范围 20～80dB	隐藏层的要素数	5	100	500
	学习误差/dB	2.38	2.36	2.36
	评价误差/dB	2.51	2.49	2.51

表 10.2　隐藏层的要素数发生变化时的学习误差(夜间)

夜间:输出范围 20～80dB	隐藏层的要素数	5	100	500
	学习误差/dB	2.70	2.67	2.67
	评价误差/dB	2.93	2.95	2.95

10.4　网　络　学　习

　　网络学习中采用了 BP 算法中的学习加速规则之一的 Kick-Out 法[5],并且事先对网络的输出输入值进行了预处理,使输出输入值保持在–1～1 范围,以方便进行学习,并实施了 5000 次学习。

　　白天的网络学习曲线如图 10.9 所示,学习的同时发现学习误差如预期顺利出现下降,评价误差及学习误差呈现出同样的变化,未出现过度学习的现象。另外,夜间的网络学习曲线如图 10.10 所示,在起初的 20 次左右开始出现振荡。认为其原因如下:

　　(1)学习系数的初始值取值较大;

　　(2)结合系数的修正带有惯性,导致修正过度。

随着学习的推进，振动逐渐缩小，评价误差也恢复到与学习误差相等的程度，认为这是未出现过度学习、学习成功的原因。

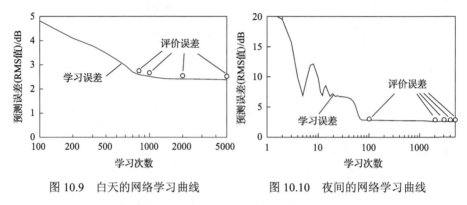

图 10.9　白天的网络学习曲线　　　　　图 10.10　夜间的网络学习曲线

10.5　预　测　结　果

本节根据上述预测结果分析网络预测的结果，并将其分为白天、夜间根据不同地区类型进行说明。

10.5.1　白天的预测结果

首先关注白天的变化。白天的预测误差(学习误差和评价误差)、预测相关系数与实测时间长度的关系分别如图 10.11 和图 10.12 所示[6]。理所当然的是，实测时间越长，网络的输出 $L_{Aeq,D}$ 的预测结果越接近于真值，实测 1h 时的评价误差为 3.03dB，而 6h 时的评价误差为 1.76dB，相关系数也从 0.858 上升到 0.954。另外，图中还显示了地区类型限定为附近空间的相应结果。尽管学习误差比所有地区低 0.5～1dB，但评价误差没有呈现同样的缩小趋势。对预测结果进行详细的分析，发现如图 10.13 所示，特定的 3 个地点的预测误差很大，导致整体误差上升。

在噪声等级的全天变动中，短时间内观测到噪声等级极大的噪声(值)，包含这些特殊噪声的短时间测量值都受到了较大的影响，尤其出现 10min 内的等价噪声等级比前后时间段快速上升 20～30dB 的状况，认为这是由突发性的高等级噪声引起的。去除这 3 个地点，求出的误差结果如图 10.11 所示。可见和学习误差一样，比所有地区低 0.5～1dB，且相关系数也得到同样的改善(图 10.12)。

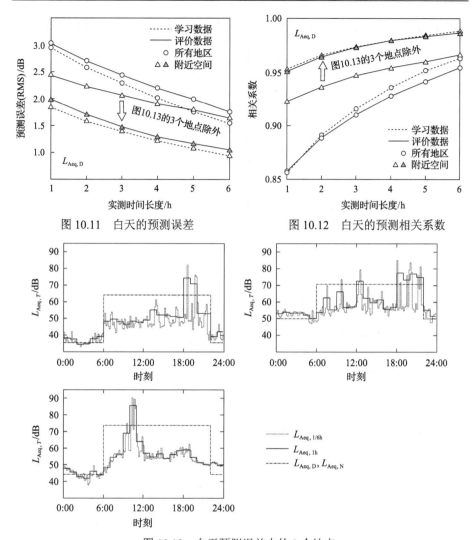

图 10.11 白天的预测误差 图 10.12 白天的预测相关系数

图 10.13 白天预测误差大的 3 个地点

10.5.2 夜间的预测结果

这里针对夜间的 $L_{Aeq,N}$ 相关的学习及预测结果进行描述。实测时间长度与学习和评价误差及相关系数的关系分别如图 10.14 及图 10.15 所示[7,8]。随着实测时间长度从 1h 延长到 6h,所有地区的评价误差从 3.42dB 下降到 1.79dB,相关系数从 0.874 上升到 0.967。并且,任一时间长度内,评价误差都比学习误差大 0.3dB 左右。图中还显示了对于附近空间的学习和评价误差,评价误差在 1h 内为 2.57dB，6h 内为 1.21dB，与所有地区相比约小 1dB。

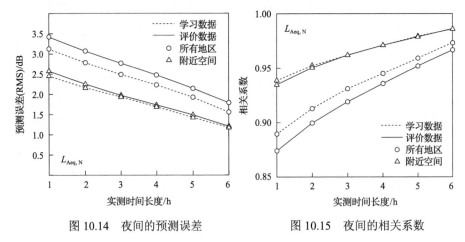

图 10.14　夜间的预测误差　　　　图 10.15　夜间的相关系数

10.5.3　名古屋地区类型带来的差异

这里尝试对图 10.4 所示不同地区类型的预测结果进行比较。图 10.16 是用 2h 的短时间实测值 $L_{Aeq,2h}$ 预测白天整体的等价噪声等级 $L_{Aeq,D}$ 的结果，并区分了不同的地区类型。同样，用 $L_{Aeq,2h}$ 预测夜间整体的等价噪声等级 $L_{Aeq,N}$ 的结果如图 10.17 所示。从图中可以看出，附近空间的预测精度在白

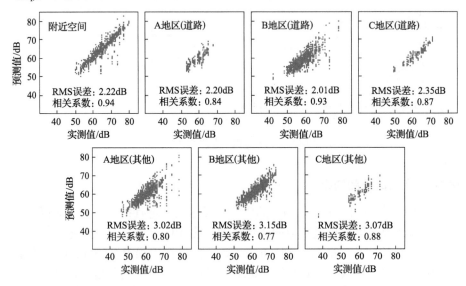

图 10.16　$L_{Aeq,2h}$ 的不同地区类型的预测结果（白天）

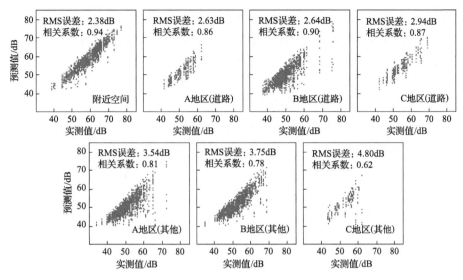

图 10.17 $L_{Aeq,2h}$ 的不同地区类型的预测结果(夜间)

天和夜间都很高,大部分预测结果均集中在对角线上。虽然 A 地区、B 地区、C 地区的结果不比附近空间的结果差,但本章认为面向道路的地区的预测结果比不面向道路的地区的预测结果要精确。

比较 RMS 误差,发现昼夜的差值约为 0.5dB,附近空间与其他面向道路的地区的差值约为 0.3dB,A 地区、B 地区、C 地区中面向道路的地区与其他地区的差值约为 1dB。分布图中出现偏差的原因在于预测结果严重偏离对角线,大多数预测结果都比实测值低。鉴于这种情况,对 1 天的噪声等级变动情况进行分析,发现和图 10.13 一样,高等级噪声是单发或断续记录的,导致长时间 L_{Aeq} 被拉升的情况较多。

如此一来,当噪声等级的时间变动较为激烈时,根据短时间测量值推测长时间值虽然比较困难,但是受道路交通噪声影响较大的附近空间的预测精度很高,完全可应用于实际情况。除此以外的地区未出现较大的预测误差偏离的现象(以 0 为中心),大致呈均匀分布,通过全面测量得到的大量短时间实测值来预测地区平均噪声分布状况等,是非常有效的方法,可以灵活应用。

10.6 名古屋以外其他城市的应用

神经网络的学习和评价中,采用的是名古屋市区的环境噪声实测调查数据,整个学习过程中都在用名古屋市的实测信息,而将上述网络用于其他城市噪声等级的测量时，需要注意相关数据的差异。

使用前文介绍的学习过的神经网络，对 2005 年到 2007 年津市及铃鹿市内的 25 个地点实施 24h 的测量，并进行预测，分析该方法的精度。这里利用学习名古屋市区环境噪声数据所构造的网络，对津市及铃鹿市的环境噪声进行分析预测，并介绍分析预测的结果。

根据名古屋市的调查经验，在津市及铃鹿市的居住用地范围内设置声级计，连续测量 24h 的 $L_{\mathrm{Aeq},1/6h}$（144 个）。数据的获取日期、地区用途作为神经网络的输入要素，以地区类型进行分类汇总于表 10.3 中。由于是针对地方城市的测量，仅有 2 个地点被划分为面向干线道路的附近空间，有 8 个地点被划分为面向道路的地区，有一半以上都被划分为不面向主干道的地区。

表 10.3　测量地点

地点	日期	地区类型	图 10.4 所示的分类	输入值
A	2005/9/12	第一类低层专门用于居住的地区	A 地区（其他）	3
B	2006/1/12	第一类居住地区	B 地区（其他）	5
C	2006/2/08	第一类低层专门用于居住的地区	A 地区（道路）	2
D	2006/2/10	准工业地区	C 地区（其他）	7
E	2006/2/13	第一类低层专门用于居住的地区	A 地区（道路）	2
F	2006/2/14	第一类居住地区	B 地区（其他）	5
G	2006/2/16	工业地区	C 地区（道路）	6
H	2006/2/21	第一类居住地区	B 地区（其他）	5
I	2006/3/08	准工业地区	C 地区（道路）	6
J	2006/3/15	第一类居住地区	B 地区（其他）	5
K	2006/3/27	第一类居住地区	B 地区（其他）	5
L	2006/4/03	第一类低层专门用于居住的地区	A 地区（道路）	2
M	2006/4/12	第一类居住地区	B 地区（其他）	5
N	2006/4/16	第二类中高层专门用于居住的地区	A 地区（其他）	3
O	2006/5/16	第一类居住地区	B 地区（道路）	4
P	2006/5/29	准工业地区	附近空间	1
Q	2006/6/13	第二类中高层专门用于居住的地区	A 地区（道路）	2
R	2006/6/19	第一类居住地区	B 地区（其他）	5
S	2006/6/20	第二类中高层专门用于居住的地区	A 地区（其他）	3
T	2006/6/27	第一类居住地区	B 地区（道路）	4

地点	日期	地区类型	图 10.4 所示的分类	输入值
U	2007/4/11	第一类专门用于居住的地区	A 地区(其他)	3
V	2007/4/12	邻近商业地区	C 地区(其他)	7
W	2007/4/17	邻近商业地区	附近空间	1
X	2007/4/23	第一类居住地区	B 地区(其他)	5
Y	2007/4/26	第一类居住地区	B 地区(其他)	5

对于这 25 个地点的数据，白天以 14:30 为中心，求出 1h 的短时间实测值 $L_{Aeq,1h}$ 与 5h 的短时间实测值 $L_{Aeq,5h}$，学习后输入神经网络，白天整体的长时间实测值 $L_{Aeq,D}$ 的预测结果如图 10.18 和图 10.19 所示。从这些图中可以看出，被划分为附近空间的 2 个地点(地点 P 与地点 W)的预测精度较高，其理由如下：

(1) 1 天中道路噪声的影响最为显著；

(2) 干线道路 1 天交通量的变化模式与社会活动密切相关，地区依存性较小。

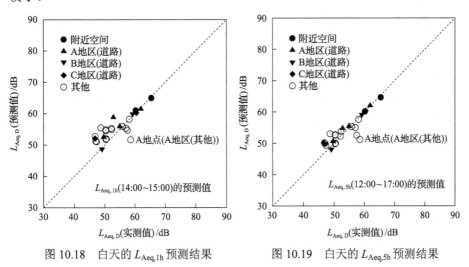

图 10.18　白天的 $L_{Aeq,1h}$ 预测结果　　　图 10.19　白天的 $L_{Aeq,5h}$ 预测结果

同样，夜间以 1:30 为中心，求出 1h 的短时间实测值 $L_{Aeq,1h}$ 与 5h 的短时间实测值 $L_{Aeq,5h}$，学习结束后输入神经网络，夜间整体的长时间实测值 $L_{Aeq,N}$ 的预测结果如图 10.20 和图 10.21 所示。与白天一样，可知附近空间的 2 个地点的预测误差较小。

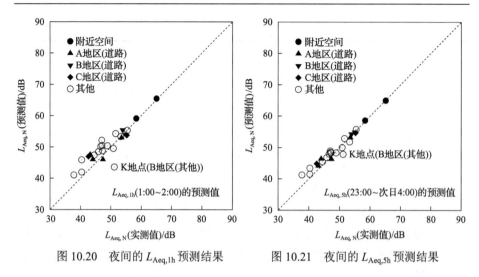

图 10.20　夜间的 $L_{Aeq,1h}$ 预测结果　　　图 10.21　夜间的 $L_{Aeq,5h}$ 预测结果

　　另外，对于偏离整体趋势的地点（预测误差较大的样本），实际调查后发现 A 地点的晚上（19:00～22:00）存在虫鸣声，居住区 K 地点（22:00～24:00 及 5:00～6:00）存在铁路噪声的影响。任一情况下，都存在测量时间及测量地点的特殊性，在运用于附近空间以外的地点时需要注意。

　　从分布图来看，随着噪声等级的降低，预测精度下降，且预测噪声等级会升高。也就是说，在受汽车噪声影响较大的道路附近的预测精度很高，在除此之外的一般地区的预测精度较低。由此看来，津市及铃鹿市的居住区环境具有如下特征：面向道路的地区（含附近空间）与名古屋市类似，但是其他的一般地区与名古屋市相比较为安静。

参 考 文 献

[1] 環境省, "騒音に係る環境基準について", 平成17年5月26日環境省告示45号 (2005).

[2] 熊沢逸夫, "学習とニューラルネットワーク" (森北出版, 1998).

[3] 久野和宏編, "騒音と日常生活" (技報堂出版, 2003).

[4] 久野和宏, 野呂雄一編, "騒音の計測と評価 dB と L_{Aeq}" (技報堂出版, 2006).

[5] Ochiai, Toda, Usui, "Kick-Out Learning Algorithm to Reduce the Oscillation of Weights", Neural Networks 7 (5), pp.797-807 (1994).

[6] 野呂雄一, 益村正周, 竹尾隆, 久野和宏, "短時間 L_{Aeq} から長時間 L_{Aeq} を予測するニューラルネットワークの構成例", 日本音響学会 2007 年秋季研究発表会講演論文集, 2-5-15 (2007).

[7] 野呂雄一, 益村正周, 竹尾隆, 久野和宏, "短時間 L_{Aeq} から長時間 L_{Aeq} を予測するニューラルネットワークの構成例—夜間の時間区分に対する予測精度の検討—", 日本音響学会 2008 年春季研究発表会講演論文集, 3-3-14(2008).

[8] 益村正周, 野呂雄一, 竹尾隆, 久野和宏, "ニューラルネットワークによる短時間 L_{Aeq} からの長時間 L_{Aeq} の予測—昼夜間の予測精度の比較—", 日本音響学会騒音・振動研究会資料, N-2008-2(2008).

第三部分　声环境保护

本书第一部分针对保护城市声环境所实施的调查、测量、评价方法及事例(诊断)进行了介绍，第二部分针对地区环境噪声相关的模型及预测、推测方法等内容进行了说明。

第三部分将针对抑制并预防(声环境的保护)汽车、铁路及航空设备等城市主要噪声源发出的交通噪声的体系进行说明，具体如下：

第11章针对给城市声环境带来最大影响的汽车问题，沿着日本动力化发展及环境噪声的历史变迁，阐述汽车噪声相关的各种限制、预防技术的内容及其效果。

第12章阐述铁路(老铁路线及新干线)噪声跨越半个世纪的变迁以及在此过程中制定的限制及预防技术的效果。

第13章阐述航空需求的扩大、机场周边噪声量的变化及对策带来的噪声降低效果，并提出对城市声环境的展望(进一步降低交通噪声的可能性)。

第11章 汽车噪声对策

城市的环境噪声由工厂、建筑工程、各种交通工具的噪声，以及生活中产生的各种各样的噪声构成。其中汽车、铁路、航空设备等交通噪声范围广泛，对人们日常生活的影响也比较深刻。本章首先介绍第二次世界大战后的动力化潮流与环境噪声的关系；然后针对汽车单体限制的产生过程及环保汽车、低噪声铺设及隔音墙、交通流的限制等噪声对策技术要素进行说明；最后提出要素技术组合保护对策的实际状况以及对今后的展望。

11.1 动力化与环境噪声

城市声环境的主要因素，自然是汽车(道路交通)无疑。第二次世界大战后伴随着日本经济的复兴，日本进入高速发展时期，汽车增加显著，尤其是1960 年到 1975 年，汽车数量增加迅速，导致道路沿线及居住区声环境急剧恶化。为此，日本根据《公害对策基本法》制定了《噪声相关的环境标准》及《汽车定置噪声限值》，民间团体为了掌握并监视噪声的实际动态也开始测量城市噪声。以下将针对第二次世界大战后的动力化潮流与环境噪声的关系进行大概的说明。

11.1.1 汽车保有量的变化

到 2010 年，日本约拥有 8000 万辆汽车。表 11.1 给出了日本汽车保有量、里程生产量及 GDP(国内生产总值)指标的变化情况[1,2]。

将 1975 年的数据作为对照指标，设为 100。汽车保有量指标的变化与里程生产量及 GDP 指标密切相关(大致呈比例关系)，1950～1975 年均激增了近100 倍，之后的 25 年间增长速度放缓，2000 年后呈现出饱和的态势。

表 11.1　汽车保有量、里程生产量及 GDP 指标的变化情况

年份	汽车保有量指标	里程生产量指标	GDP 指标
1950	1.2(337)	1.3	
1955	3.2(901)	4.2	5.6
1960	7.7(2176)	9.8	11.0
1965	25(6983)	28.7	22.0
1970	63(17826)	70.0	49.0
1975	100(28139)	100.0	100.0
1980	135(37874)	135.0	162.0
1985	164(46163)	150.0	215.0
1990	205(57702)	219.0	295.0
1995	238(66857)	251.0	325.0
2000	258(72653)	270.0	330.0
2005	269(75690)	268.0	339.0

注：括号内表示实际汽车保有量(单位：千辆)。

11.1.2　汽车保有量与环境噪声

　　城市环境噪声主要来自行驶在市区的汽车产生的声能源，即主要由里程生产量决定。市区的单位面积声功率与里程生产量呈比例关系，这在第 9 章市区的噪声等级(代表值)与里程生产量的关系上得到了确认。如上所述，里程生产量指标与汽车保有量及 GDP 指标均大致呈比例关系，由此看来，环境噪声的变化大致可以从这些因素的年度变化中推测出。

　　图 11.1 是表 11.1 的汽车保有量等相关指数 I 的对数 $10\lg I$(表 11.2)的分布图。

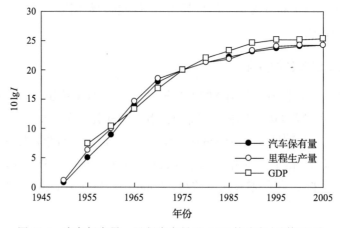

图 11.1　汽车保有量、里程生产量及 GDP 的分布(对数显示)

表 11.2　汽车保有量、里程生产量及 GDP 指标的推移(对数显示)

年份	汽车保有量指标	里程生产量指标	GDP 指标
1950	0.79	1.14	
1955	5.05	6.23	7.48
1960	8.86	9.91	10.41
1965	13.98	14.58	13.42
1970	17.99	18.45	16.90
1975	20.00	20.00	20.00
1980	21.30	21.30	22.10
1985	22.15	21.76	23.32
1990	23.12	23.40	24.70
1995	23.77	24.00	25.12
2000	24.12	24.31	25.19
2005	24.30	24.28	25.30

这些年的变化与环境噪声的大致变化一一对应。由此看来，日本环境噪声的等级随着汽车的增加，在 1950~1975 年大概剧增了 20dB，呈现出大幅上升的趋势，而之后的上升幅度仅维持在 3~4dB 的程度。也就是说，第二次世界大战后的经济复兴与经济高速成长期的汽车数量急剧增大，给环境噪声带来了巨大的冲击，之后的变化较为平缓。

11.1.3　环境噪声变化的实际情况(1974~2000 年)

汽车产生的环境噪声问题引起了社会的广泛关注，日本民间团体等从 1974 年左右开始对此展开正式的调查。例如，在 1974 年将名古屋市区划分成 500m×500m 的网格，针对各个网格区间(共 1196 个地点)实施了白天和夜间各 10min 的噪声等级测量，研究了中值 L_{A50} 的分布情况。之后，每 5 年实施一次类似的调查并公布相关结果。表 11.3 和图 11.2 显示了市区的 L_{A50}(平均值)等相关数据的逐年变化情况[3]。为了完善上述调查内容，自 1983 年起又对名古屋市内的 12 个地点(居住区、商业区、工业区各 4 个地点)，每年实施了持续 1 周的噪声连续测量，得到的白天和夜间的噪声等级(12 个地点的 L_{A50} 的平均值)的变化情况如表 11.4 和图 11.3 所示[4]。

图 11.2 和图 11.3 显示 1974~2000 年名古屋市区白天的平均环境噪声等级中值 L_{A50} 为 55dB(等价噪声等级 L_{Aeq} 为 61dB)，基本处于恒定状态。2000 年以后，由于调查方法发生了很大的变化，市区的平均噪声等级变化情况尚不明确。

表 11.3 环境噪声的变化（名古屋市区整体：1196 个地点）

年份	L_{A5}/dB	L_{A50}/dB	L_{A95}/dB	L_{Aeq}/dB
1974	63	54	49	
1979	64	55	50	
1984	64	54	48	60
1989	66	56	50	61
1994	66	56	50	61

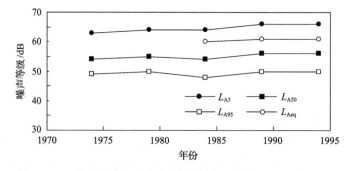

图 11.2 环境噪声等级的变化（名古屋市区整体：1196 个地点）

表 11.4 L_{A50} 的白天和夜间变化（名古屋市内 12 个地点）

年份	1983	1985	1988	1991	1994	1997	2000
白天/dB	54	56	56	55	54	55	55
夜间/dB	44	45	47	45	45	46	45

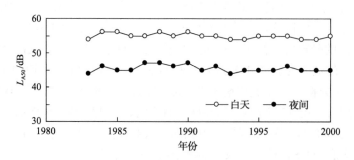

图 11.3 L_{A50} 的白天和夜间变化（名古屋市内 12 个地点）

11.1.4 以往对策（单体限制、道路铺设等）的效果

自 1975 年到 2000 年间，汽车保有量增加了 2～3 倍，而环境噪声升高了

3～4dB，实际上几乎没有发生变化。原因是汽车的单体限制与道路的改进（铺设率的提升）等对策收获了效果。1971 年开始加速实行行驶噪声限制，1985年引入地区附近排气噪声限制等，逐步地强化了限制要求，并且减噪道路铺设率也从 30%上升到了 80%。假设这样的措施使得噪声降低了 3dB，那么与汽车的增加量大致相平衡，环境噪声几乎未发生变化。也就是说，汽车的单体限制与道路改建带来的噪声对策的效果，与汽车的增加引起的噪声量增大正好互相抵消。

11.1.5　环境噪声的确定（1975 年以前）

本节根据汽车保有量推测以往的环境噪声的状况。1950 年到 1975 年的 25 年间，汽车保有量在全国范围内约增长了 100 倍，名古屋市大概增加了 30倍。相关数据显示，城市地区比其他地区的增幅大。因此，伴随着汽车保有量的增加，此期间环境噪声在全国范围内大概上升了 20dB，预测名古屋市增加了 15dB 左右。另外，减噪道路铺设率提高了 1%～32%，假设技术开发等因素使噪声降低了 3dB 左右，那么可以推测出全国的实际噪声上升了 17dB，名古屋市上升了 12dB 左右。从结果来看，自 1950 年到 1975 年间，日本汽车的增加使环境噪声增加了 15dB 左右。细心观察数据可以发现，1975 年名古屋市的白天环境噪声平均为 54dB，1975 年白天的噪声约为 42dB，可推测当时的夜间等级（图 11.3）数值略低于白天的数值。11.4 节将对环境噪声进行展望。

11.2　保护声环境所采取的对策

图 11.4 显示的是 2000 年在日本环境厅的道路交通噪声对策研讨会上发表的各种道路交通噪声降低方法[5,6]。这些噪声对策方法整理后可分为发生源对策、交通流对策、道路构造对策、道路沿线对策 4 种。

在硬件方面，基本方法是降低发生源的噪声，同时可以在道路上设置隔音墙，而提升道路沿线建筑物的隔声性能及研究道路构造、探讨运输对策也是非常重要的。另外，在软件方面，可以考虑制定汽车单体噪声限制等方面的政策；而从城市规划及交通规划立场来看，可以考虑制定具有强大的抗噪声能力的街道社区规划及采取控制交通流噪声的对策。

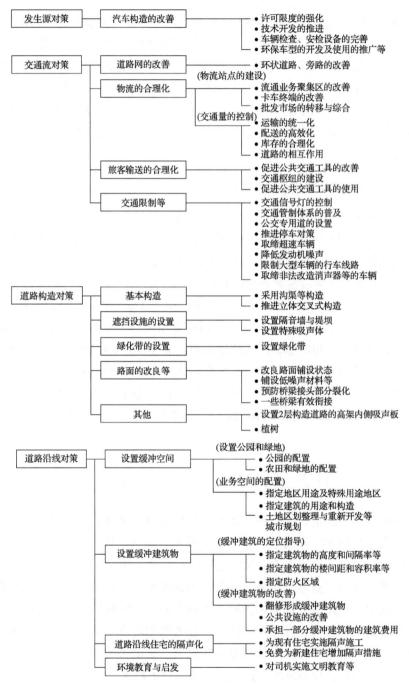

图 11.4　道路交通噪声对策

为了应对噪声问题，选择夜间干线道路沿线超过限制规定 5dB 的地区作为声环境恶化的地区，为了达到这个目标，除了降低对策，还可以追加采用以往使用过的方法(对症疗法等)，从城市规划及地区规划角度研究噪声问题，从土地使用及道路网等宏观视角控制噪声，研究改善城市整体声环境的措施。

11.2.1　汽车噪声的单体限制

日本于 1967 年颁布了《公害对策基本法》，根据该法律于 1968 年制定了《噪声限制法》。汽车产生的噪声问题也随着动力化的进步逐渐显现，1971 年针对汽车噪声问题，制定了容许限制值，引入正常行驶噪声、排气噪声及加速行驶噪声限制[7]。这就是汽车单体的 1971 年限制，之后，经过修订形成 1976 年限制、1979 年限制、2001 年限制，内容逐渐强化。

图 11.5 显示的是大型车及轿车的加速行驶噪声限制值的变化。其间，汽车制造商实施了对发动机本身的噪声降低对策及对放射噪声的遮蔽和吸声对策，以及排气管的改良等各种各样的噪声对策，对于加速噪声，希望实现大型车降低 11dB、轿车降低 8dB (图 11.5) 的目标。换言之，1971 年的大型车产生的噪声相当于 2001 年 12 辆车产生的噪声，轿车产生的噪声相当于 6 辆车产生的噪声。另外，近年来混合动力车及电动汽车快速普及，这些新型环保汽车的加速噪声与一般的汽油及柴油车相比大幅度降低，可鼓励进一步普及。

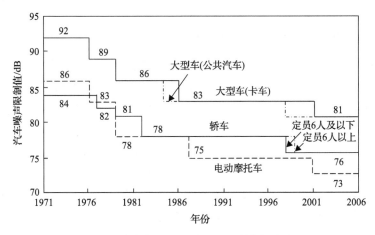

图 11.5　汽车加速行驶噪声限制值的变化

另外，汽车按照一定速度正常行驶时噪声限制值的变化如图 11.6 所示。由图可见，1971 年规定大型车的限制值为 84dB，公共汽车自 1998 年开始限制，卡车在 2001 年限制值为 82dB，降低了 2dB。1971 年规定轿车的限制值为 74dB，其中定员 6 人及以下的乘用车自 1998 年开始限制，定员 6 人以上的乘用车在 1999 年的限制中规定为 72dB，与大型车一样降低了 2dB。该限制值是自行驶速度为 60km/h 的汽车中心到距离 7.5m 位置的噪声等级，将汽车作为向半自由空间移动的无指向性点声源，换算成声功率等级后计算得到的。1971 年规定大型车的限制值为 110dB，小型车为 100dB，1999 年到 2001 年以后的限制值分别相当于 108dB、98dB。

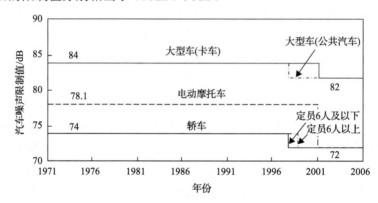

图 11.6　汽车正常行驶噪声限制值的变化

11.2.2　《干线道路沿线改进相关的法律》

1980 年制定《干线道路沿线改进相关的法律》，规定了相应的降低噪声的措施，如规定土地用途及设置缓冲空地、建设缓冲建筑物 (缓冲) 等。

该法律的目的在于针对道路交通噪声显著的干线道路沿线，制定沿线改造方案，确定沿线道路地区计划等必要事项，消除道路交通噪声产生的障碍，合理利用土地，确保道路交通顺畅，形成良好的市区环境；道路管理人在对干线道路进行改造时，为了确保沿线道路良好的生活环境，必须努力预防道路交通噪声产生的危害等；国家及民间团体要积极采取必要的措施，努力预防道路交通噪声产生的危害，促进土地的合理利用。

该法律中，都道府县知事在获得国土交通大臣的批准后，指定道路交通噪声显著、沿线环境需要改造的道路，并商讨对该道路及沿线进行改造，由县、各市、公安委员会、道路管理人等相关行政机关，根据沿线居民的意向，制定"区域及改造规范"及"沿线道路改造计划"；商讨具体的对策，在设置隔音墙及植树带、改善道路构造等的同时，对公园和绿地及缓冲用建筑物进行改造。伴随着各种措施的实施，开始建造缓冲用建筑物等，对现有及新的住宅采取隔声措施，并帮助实施住宅的拆迁等。

缓冲用建筑物是指沿线道路背后地区为降低噪声而建造的具有隔声功能的建筑物，是针对道路沿线的建筑物群采取的隔离道路交通噪声的措施。根据建筑物宽度及连接状况、高度的不同，隔声效果也各异，与之前的建筑物相比，期待能够带来 10～15dB 的噪声降低效果。

11.2.3　汽车噪声有限对策区间的设定

《噪声限制法》中，针对汽车噪声中明显超过日本环境厅规定的限度(要求限度)，以及明显损害道路周边环境的情况，由都道府县知事向公安委员会提出采取道路交通法规定的措施(交通限制等)，规定由道路管理人及相关机构听取道路构造改善等的意见；道路交通噪声的测量由管辖限制地区的(日本行政区划)市、镇、村实施。

名古屋市的道路相关机构及县的道路建设、交通管理、城市规划等相关机构和团体，设置了"名古屋市汽车公害对策推进协会"，结合道路交通噪声的现状，采取发生源对策、交通量对策、交通流对策、道路设施对策等各种措施，从多个角度有计划地推进综合性汽车公害对策。

其中一个措施是制定"汽车噪声优先对策图"[8]，其目的是尽快改善汽车噪声可能超过夜间要求限度的地区，制定汽车噪声优先对策图，并推进对策的实施，在 2005 年 9 月以"汽车噪声优先对策图的制定"为题形成了报告书。

该汽车噪声优先对策图根据每年的噪声测量结果，来显示噪声对策的进展状况，并标注已经结束的地区。到 2008 年已经实施过对策的地图标注情况如图 11.7(b)所示。为了进行比较，给出初次制作的 2005 年的地图 11.7(a)，区间 11、22、24 是已经采取过对策的地区。图 11.7(c)是到 2010 年 3 月已经采取过对策的区间，经比较可对对策的进展状况一目了然，获得了市民的一致好评。

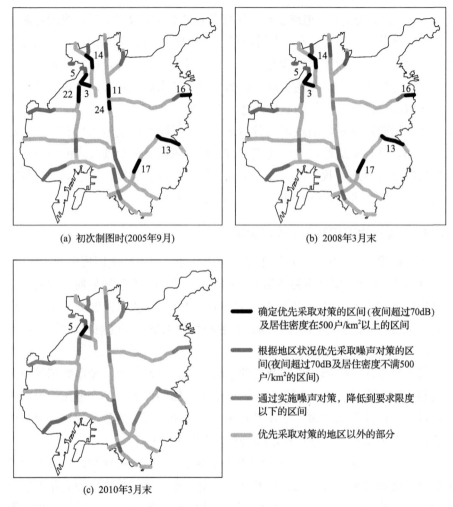

(a) 初次制图时(2005年9月)　　　　　(b) 2008年3月末

确定优先采取对策的区间(夜间超过70dB)
及居住密度在500户/km²以上的区间

根据地区状况优先采取噪声对策的区
间(夜间超过70dB及居住密度不满500
户/km²的区间)

通过实施噪声对策，降低到要求限度
以下的区间

优先采取对策的地区以外的部分

(c) 2010年3月末

图11.7　汽车噪声优先对策图(名古屋市)

11.2.4　交通需求管理

　　道路交通产生的噪声等级受汽车的行驶速度及交通量，尤其是产生较大噪声的大型车辆的影响。因此，为了降低道路交通噪声，重要的是从交通需求管理(transportation demand management)的角度进行分析[9]。

　　在缓和道路交通混杂状况、改善沿路环境的过程中，重要的是对道路网进行优化，但是作为一个补充措施，结合道路容量对交通需求进行调整和削减也是极为重要的。交通需求管理是指避开高峰时间，变更利用时间，用电车、公共汽车、自行车等代替汽车，高效地使用汽车、调整噪声发生源等，根据交通的"需要"进行调整的方法体系。为了降低卡车运输，还实施了物流向铁路、海上运输的转换。

存车换乘(park and ride)是开车从自家出发到达最近的地铁站，停车后转乘地铁等公共交通工具，到达市中心目的地的体系。此行为不仅能够预防城市中心地区交通环境的恶化，减少自身的交通量，还能够缓和交通堵塞，降低大气污染及道路交通噪声。

拼车是指去市中心上班时，多人同乘一辆车的行为，可以起到降低流入城市中心汽车数量的效果。

作为控制交通需求的一个手段，电子公路收费制度广受瞩目。原本有偿道路是指为了在一定期间内收回投入的本金而对过路车辆征收费用，而电子公路收费制度是为了回收发生公害所产生的费用而征收的款项。作为道路沿线环境恶化的一般道路环境对策，最近开始实施将一般道路的部分交通流转换为有偿道路交通流的方法。

对于重视安静环境的郊外住宅地区等，控制该地区的交通量是非常有效的方法。或许现实中实现起来很困难，但是通过限制地区的交通量来控制汽车噪声，保护声环境也是可能的。

地区噪声等级(L_{Aeq}的平均值)与交通量 Q 之间(如 6.6 节所述)大致呈

$$L_{Aeq} = 10 \lg Q + 25 \tag{11.1}$$

的关系。这里的 Q 是 1h 的小型车辆换算交通量。假如要把地区(1km²)的 L_{Aeq} 维持在 55dB 以下，Q 需要限制在 1000 辆/h 以下；要维持 50dB 以下的声环境，Q 必须控制在 350 辆/h 的程度；在容许值达到 60dB 的情况下，需要 $Q=$ 3000 辆/h 的控制标准。60dB 的 L_{Aeq} 对应的是边长 100m 正方形区域存在 1 辆乘用车(功率等级 95dB)的平均声环境。

11.3 汽车的降噪技术

11.2 节对软件方面实施的行政措施进行了说明。本节围绕硬件方面(汽车的降噪技术)的措施进行介绍。

11.3.1 环保汽车(混合动力汽车、电动汽车)

针对汽车产生的噪声，在强化单体限制的同时，还开发了针对发动机本身及排气系统产生的噪声的控制技术，推进了低噪声化的发展。针对以往的汽油发动机及柴油发动机等内燃机汽车，开发出了拥有内燃机与电动机两种动力源的混合动力汽车，并制定了促进环保汽车发展的对策。图 11.8 是 1995～2008 年环保汽车(混合动力汽车(HEV)、电动汽车(EV))保有量的增长情况，呈指数函数增加，预计今后将会继续增加。

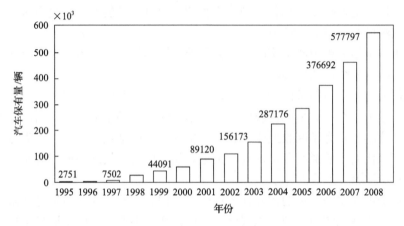

图 11.8　环保汽车保有量的增长

图 11.9 给出了汽车的行驶中心线到左侧 2m、高 1.2m 的点的噪声等级[10]，是混合动力汽车噪声与普通汽车噪声对比的例子。混合动力汽车与普通汽车相比，整体噪声下降，尤其是其发动机在低速行驶时产生的噪声非常低。图 11.10 是行驶在密粒铺设材料上的混合动力汽车(丰田，普锐斯 1.5L)的测量结果，图中显示了声功率等级[11]。在速度低于 70km/h 时，其声

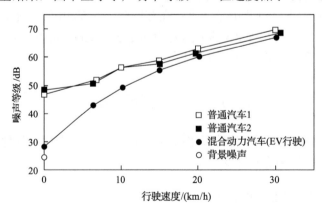

图 11.9　混合动力汽车的噪声对速度的依存性

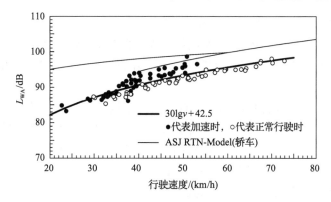

图 11.10　混合动力汽车的声功率等级 L_{WA} 的测量结果举例

功率等级远远低于 ASJ RTN-Model 2008（日本声学会提案）中轿车的功率等级，这主要是因为发动机在汽车低速行驶时产生噪声，随着速度的增加，车轮/路面噪声增大，整体噪声逐渐降低。

　　然而，也有人指出，由于这种汽车低速时的声音极低，让人难以意识到汽车低噪声问题，于是又开发出了安装在汽车前部用来扩大汽车噪声的"车辆靠近通报装置"。该装置主要在速度低于 25km/h 时发挥作用，考虑环境因素，也可以由司机判断是否关闭该设备。

11.3.2　低噪声铺设

　　针对普通的沥青路面，在表层（厚 4cm 左右）铺设粒状的排水性材料，路面上水流穿过，不仅提升了道路的安全性，还能降低噪声。因此，这种材料的铺设称为低噪声铺设或高功能铺设。其降低噪声的原理主要在于，轮胎的沟纹能起到降低所排出噪声的作用。另外，噪声经过路面与车辆底部的多重反射，受到路面吸收而减少，同时在传递到道路沿线路面的过程中，进一步被路面吸收而衰减。

　　在 ASJ RTN-Model 2008 中，关于低噪声铺设材料降低的噪声，可以用下述公式计算得出[12]。一般道路（60km/h 以下）的情况下，小型车型的降噪函数为

$$\Delta L_{\mathrm{suf}} = -5.7 + 7.3\lg(y+1) \tag{11.2}$$

大型车型的降噪函数为

$$\Delta L_{\mathrm{suf}} = -3.9 + 3.6\lg(y+1) \tag{11.3}$$

其中，y 是实施提案后经过的年数。

也就是说，低噪声铺设起到了降低噪声的效果，随着使用年数的延长，降噪效果越来越差。刚铺设时的降噪效果，小型车辆可以达到 5.7dB，大型车辆可达到 3.9dB。

有关低噪声铺设材料，不仅仅有单层排水性铺设材料，还有减小上层粒材的直径以抑制表面凹凸的 2 层式排水性铺设材料，以及含有橡胶碎片的弹性铺设材料和磨损性能优良的碎石沥青铺设（SMA）材料等。

作为低噪声铺设的施工状况实例，图 11.11 给出了作为主要干线道路的国道的低噪声铺设施工长度增长示意图[13]。自 1995 年实施开始，此后 10 年低噪声铺设施工长度大幅度增长。

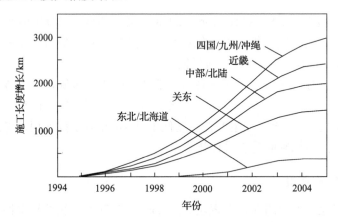

图 11.11　低噪声铺设施工长度增长示意图（国道）

市区的低噪声铺设也在逐渐普及，在 2011 年，名古屋市低噪声铺设道路约占市区铺设道路的 30%。

11.3.3　改良型隔音墙

隔音墙作为降低道路沿线噪声的有效手段，已在日本广泛采用。隔音墙主要采用高 3m 左右的水泥材料。为了预防隔音墙引起的反射声的不良影响，可在道路两侧表面采用吸声处理构造，降低对司机的压迫感，并考虑日照因素，采用具有透光性的材料。

图 11.12 是第二东名高速公路上设置的隔音墙，垂直部分的高度约 8m，其上部向内侧呈现 4m 左右的弯曲。新型的隔音墙增加了高度，大大降低了噪声。

图 11.12　大型隔音墙(第二东名高速公路，已建成)

　　隔音墙的顶端部分设置有吸声性的筒状物(降噪器)，以及具有多重边缘的吸声材料(分离型隔音墙)等，如图 11.13 所示。这种隔音墙称为顶端改良型隔音墙[14]。

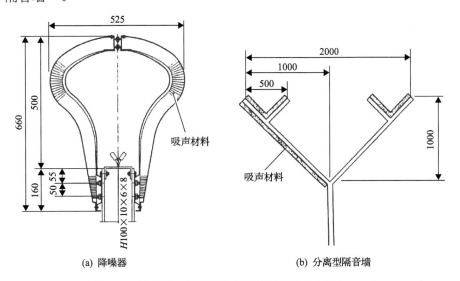

图 11.13　降噪器、分离型隔音墙的截面形状(单位：mm)

另外，与日常生活密切相关的普通道路，从景观及安全角度考虑并不希望设置如此大的隔音墙，因此常采用高 1m 左右的低隔音墙。在道路上设置盆栽景观带，也可以起到降低汽车噪声且美化道路沿线环境的效果。

适用于很多领域的便捷噪声控制方法，在补充隔音墙的降噪效果，尤其是补充低声域的降噪效果中非常有效，为了能在实际中应用，目前正积极地进行研究。

11.3.4　吸声板

在现有平面道路上架设高架桥的情况下，平面道路上产生的噪声被高架桥内面反射，使得道路沿线的声环境恶化。这种情况下，就需要在高架桥的路面正下方实施吸声处理。图 11.14 是阪神高速神户线高架道路下面设置圆桶状吸声材料的照片。平面道路的汽车发出的噪声在经过隔音墙后发生衰减，此时高架路面下方的反射噪声对环境噪声的增大贡献度较大，因此在高架桥下面实施吸声处理是非常有效的。

图 11.14　高架道路的内侧路面吸声

隧道支撑架台周边的噪声也逐渐引起注意。这种情况下，可以在架台部位设置活动百叶挡板，以吸收隧道内的噪声。除此之外，还有各种各样的吸声板，其中一个例子是以玻璃棉纤维为主要材料的吸声板（图 11.15），其混响吸声系数如图 11.16 所示[15]。而实际上应该在架台口的哪个位置设置吸声处理措施，是一个亟待解决的问题。另外，还需要研究架台口与放射声相关的预测计算方法。

沟渠式道路及其上部设置有悬边的半地下构造的道路上，侧壁的多重反射使得开口部放射到外部的噪声增大，需要在开口部设置吸声板。此时侧面部分需要设置多大面积的吸声板效果最好，也是一个需要考虑的问题，可通过有限要素法(FEM)进行数值模拟及模型试验、实物试验展开探讨。

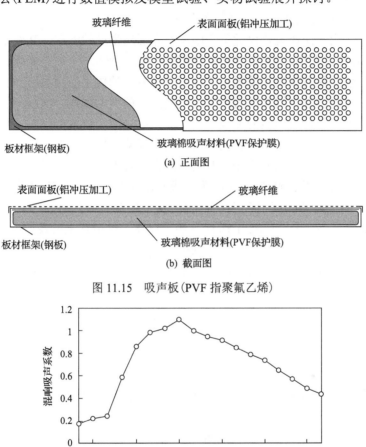

(a) 正面图

(b) 截面图

图 11.15　吸声板(PVF 指聚氟乙烯)

图 11.16　吸声板的混响吸声系数

11.4　展　　望

随着老龄化加重及人口的减少,2000 年以后,日本的汽车市场已经接近饱和,并逐渐呈现减少的趋势,环境噪声状况发生了巨大变化,且已经出现改善的征兆,理由如下:

(1)1998～2001 年汽车噪声限制的强化(1998 年限制、1999 年限制、2000 年限制及 2001 年限制);

(2)环保汽车(混合动力汽车、电动汽车等)的引入和普及;

(3)低噪声铺设技术的开发与普及等。

通常,由于法律规范仅适用于限制发布后新生产的汽车,其效果的显现要经过 10 年左右(旧车型被新车型更替的时间)。因此,上述限制强化的效果会逐渐体现。随着居民环境意识的提高及税制上的优惠措施(补充制度)的实行,汽车更新过程中混合动力汽车及电动汽车的引入加速。这些环保汽车的普及对以非正常行驶为主的加减速行驶居多的城市,可期待收获非常显著的噪声降低效果,尤其在发车和加速信号交替反复出现的情形。设置隔音墙是比较困难的,而环保汽车的普及更能获得显著的效果。

排水性铺设及弹性铺设等低噪声铺设技术也是非常有效的噪声降低对策。这些铺设能从侧面提升汽车行驶的安全性及驾驶的舒适性,不仅可在高速公路上普及,如 11.3.2 节所述,还可以在一般道路上普及。

综上所述,采取相应的噪声控制措施及技术,进一步强化对于大型车辆的限制,环境噪声可以在 2000 年的基础上降低 5dB 左右,城市的声环境可以逐步获得改善。

参 考 文 献

[1] 矢野恒太記念会, "日本国勢図会(2010/11 年版)第 68 版"(国勢社, 2011), p.526,532.

[2] (財) 交通事故総合分析センター, 交通統計平成 21 年版, p.6 (2010).

[3] 名古屋市公害対策局, "名古屋市の騒音　環境騒音編"(昭和 49, 54, 59, 平成元 6, 11 年度).

[4] 名古屋市, "一般環境騒音レベル土地利用形態別(定期監視)", 昭和 58 年～平成 7 年.

[5] 道路交通騒音対策検討会(環境庁), "道路交通騒音対策の充実強化について(中間とりまとめ)", 資料 6「道路交通騒音対策の体系図」(2000).

[6] 大阪自動車環境対策推進会議(大阪府, 大阪市, 堺市), "大阪における自動車環境対策の歩み平成 21 年版", pp.99-100 (2010).

[7] 青木理恵, 上坂克巳, 大西博文, 石渡俊吾, "自動車騒音の単体規制を踏まえた将来の走行騒音パワーレベルの推定", 騒音制御 23(1), pp.41-45 (1999).

[8] 名古屋市自動車公害対策推進協議会, "名古屋市における自動車環境対策の推進について(報告)", (2010).

[9] 今西芳一, "交通需要マネジメントト騒音対策", 騒音制御 23(2), pp.91-98 (1999).

[10] ハイブリッド車等の静音性に関する対策検討委員会(国土交通省), "ハイブリッド車等の静音性に関する対策について(報告)", p.3, 7 (2010).

[11] 岡田恭明, 今川和也, 吉久光一, "自動車走行騒音の音響パワーレベルの測定－一般
車及び次世代自動車に着目した検討－", 日本音響学会騒音・振動研究会資料
N-2011-03 (2011).

[12] 日本音響学会道路交通騒音調査研究委員会, "道路交通騒音の予測モデル 'ASJ
RTMode 2008' ", 日本音響学会誌 65(4), pp.179-232 (2009).

[13] 久保和幸, 加納孝志, "排水性舗装の適用条件に関する研究", 平成19 年度土木研究
所成果報告書 No.22, (2007).

[14] 吉久光一, "道路交通騒音の低減対策－対策技術の現状と展望－", 超音波
TECHNO12(1), pp.35-38 (2000).

[15] 池田宏, "トンネル内吸音対策の実験例", 騒音制御 23(3), pp.175-178 (1999).

第 12 章　铁路噪声对策

东海道新干线开通后，由于沿线居民受到噪声的影响，引发了公害诉讼。随着环境政策的推进及噪声发生源对策的实施，沿线噪声问题逐渐得到了改善。本章对跨越半世纪的噪声等级的变化及背景进行大致说明。目前传动噪声及结构噪声的对策已得到实施，降噪对策伴随着高速化的发展，逐渐向气动噪声转移。东海道新干线开通之初的 0 系列车型于 1999 年停用，100 系列车型于 2003 年停用，现今拥有 300 系列、700 系列、700N 系列车型，实现了 270km/h 的高速。目前正在推进新型车辆的开发，预计速度将达到 300km/h 以上。伴随着新干线的高速化(提速)及运输能力的增强，如何抑制噪声逐渐增大也成为一个重要的课题。

另外，本章还介绍老铁路线噪声的变化，以及如何通过连续立体化建设(平坦地区的高架化等)来改善噪声。

12.1　新干线噪声

1964 年开始运营的东海道新干线，连接日本的东京、名古屋、大阪三大都市圈，实现了高速且大容量的铁路输送，为高速经济增长提供支撑。原先的规划是 1 天 60 辆列车，目前已经超过了 1 天 300 辆，输送乘客达到了约 40 万人次[1]。

新干线沿线的噪声振动公害成为巨大的社会问题，日本政府及民间团体不仅推进了相关政策的颁布，还实施了各种发生源对策，以降低噪声等级。经过半个世纪的发展，日本全国的铁路新干线建设都采用了东海道新干线中采用的噪声预防技术(环境保护对策)。

12.1.1　新干线噪声问题的变化

东海道新干线是为了配合东京奥运会(1964 年 10 月)的召开而修建的速

度达到 200km/h 的高速铁路，开通后名古屋市区新干线沿线的住宅密集地区
(7km 区间)的 575 名居民受到噪声和振动等影响，向法院提出了针对日本国
有铁路(日本国铁)停止新干线噪声公害并给予损害赔偿的诉讼。

　　1986 年当事双方进行了协商并达成和解，日本国铁向原告居民支付和解
金，同时确认了如下所示的 4 项措施：

　　(1)积极实施发生源对策；

　　(2)噪声评估并预防伤害；

　　(3)改进轨道周边的环境；

　　(4)不扩大公害源。

另外达成约定，到 1990 年 3 月末将噪声降低至 75dB，诉讼中提出的纷争得
到全面解决[2]。

　　日本环境厅针对新干线噪声公害问题，根据中央公害对策审议会答辩内
容，于 1975 年 7 月 29 日颁布了《新干线噪声相关的环境标准》(居住地区噪
声为 70dB 以下，商工业地区噪声为 75dB 以下)，并制定了 10 年内实现标准
规定的目标。在 1976 年，日本环境厅提出针对振动噪声超过 70dB 的地区，
采取振动源及噪声预防对策等措施(环境保护中需要紧急处理的新干线振动
对策)。1985 年，日本环境厅向日本运输省提出要求，采取策略在 5 年以内(截
至 1990 年)将住宅集中地区的噪声降低到 75dB 以下。

　　1987 年日本国铁被拆分和民营化，和解内容由 JR 东海及新干线保险机
构继承。名古屋市内新干线沿线，当初提出诉讼的地区有很多地方的噪声峰
值等级(噪声等级的最大值 L_{Amax})超过 90dB，经过各种发生源对策之后，1995
实施的调查显示大概被控制在 75dB 以下。1997 年，日本环境厅针对日本全
国 177 个测量地点实施的新干线噪声调查报告显示，所有地点的噪声都控制
在 75dB 以下[3]。

12.1.2　列车运行状况的变化

　　东海道新干线开通以后随着输送计划的调整，运行车辆数的变化如图 12.1
所示。列车的运行车辆数，最初为 1 天 60 辆，随着运输能力大幅提升，到
1970 年大阪万博会举办时已达到 200 辆/天，之后增速逐渐放缓，在 20 世纪
80 年代达到 240 辆/天。在 90 年代运行车辆数增加到了 280 辆/天，随着品川
车站的开通，在 2006 年已经超过了 300 辆/天，并一直维持这个规模[1]。

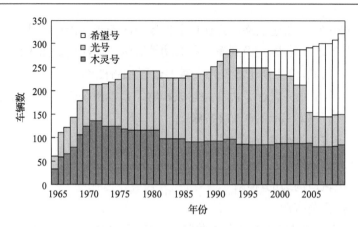

图 12.1　东海道新干线的运行车辆数变化

最初是"光号"与"木灵号"列车各占一半左右，随后渐渐扩充了"光号"列车，1987 年其占比达到 70%。1992 年，随着"希望号"列车的加入，"光号"列车逐渐减少，"希望号"列车逐渐超过了半数。

东海道新干线的车辆最初计划 0 系列 1 个品种，运营速度为 210km/h，之后提速到 220km/h，0 系列车辆为东海道新干线的主要车型。1985 年虽然加入了 100 系列车型，但是该车型与 0 系列车型一样，都是普通刚性车，重量大，速度也保持在 220km/h。1990 年加入了 300 系列车型，该车型采用铝合金材料，在实现轻量化的同时，也达到噪声对策所期望的最高 270km/h 的运营速度。接下来的 500 系列车型、700 系列车型、N700 系列车型都采用铝合金材料。随着 0 系列车型、100 系列车型的停用，东海道新干线的运营速度已经全线达到 270km/h。

12.1.3　噪声发生源对策的变化

从很久以前开始，日本已经针对老铁路线实施了几种噪声预防对策，随着东海道新干线开始运营，沿线地区的噪声和振动造成了严重的社会问题，这些地区开始集中精力采取噪声的预防措施[4]。

新干线的噪声源由车轮和轨道的传动噪声、混凝土高架桥等结构噪声、伸缩型绝缘体和车体的气动噪声、伸缩型绝缘体与轨道脱离的冲击噪声、齿轮装置等车辆机械噪声构成，图 12.2 是针对不同噪声采取的预防对策。东海道新干线是日本环境影响评价制度（1984 年内阁会议决议）实施前建设的，开通后实施了如图 12.2 所示的铁路噪声预防对策，以改善道路沿线的声环境。

这些经验被用于以后的日本新干线建设中。

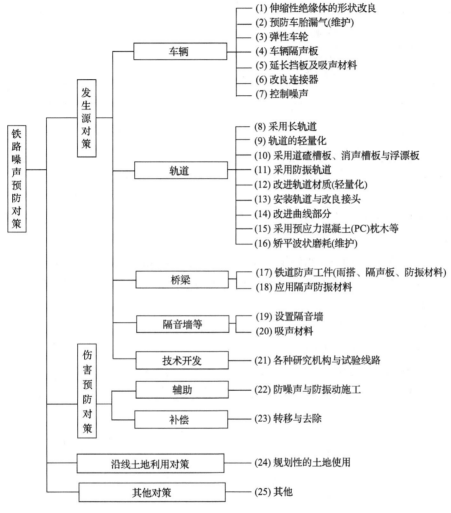

图 12.2　铁路噪声预防对策

　　名古屋市区的新干线噪声对策，在技术上大致划分为 4 个阶段，如表 12.1 所示。

　　第一阶段(1970～1980 年)，在接近学校及医院的地区，以住宅密集地区为中心，设置隔音墙，对传动噪声采取隔绝对策，同时针对噪声等级极高的无直连轨道铁桥采取相应的对策。无直连轨道铁桥下超过了 100dB，最初的

表 12.1　东海道新干线的噪声预防对策

年份	主要预防对策	备注
1970～1980	设置隔音墙 铁路横木噪声预防施工 传动噪声对策 采用长轨道 轨道的轻量化	传动噪声、结构噪声及隔音墙
1980～1985	轨道的矫平	传动噪声对策
1985～1990	设置人字形隔音墙 改良架设线路 铺设消声槽板 对轨道实施矫平管理	传动噪声、结构噪声及隔音墙
1990 年至今	改良隔音墙 实施车辆改良(轻量化、改善顶端形状)	气动噪声、节能对策及隔音、吸声

对策无法达到充分的效果，需要实施覆盖铁路整体的隔声施工，以大幅度降低噪声。

第二阶段(1980～1985 年)，除了针对波状磨耗区间实施轨道矫平措施，针对普通的区间实施矫平，也能够降低传动噪声，可以作为一个有效的噪声预防对策。

第三阶段(1985～1990 年)，在名古屋新干线噪声公害诉讼和解之际，日本国铁为了实现协议事项及达到日本环境厅要求的 75dB 的目标，运营商(JR东海)设置了人字形隔音墙应对传动噪声，铺设消声槽板应对结构噪声，利用超高压母线穿通应对冲击噪声，通过轨道的矫平处理应对结构噪声，在住宅密集地区依次实施。

第四阶段(1990 年至今)，除了第三阶段的 4 个对策，还通过加高隔音墙、设置分离型隔音墙等新型隔音墙预防噪声。通过安装伸缩型绝缘体盖罩、设置低噪声伸缩型绝缘体、减少伸缩型绝缘体数目、降低车体重量、改变车头形状，在采用流线型车头方式应对气动噪声的同时还采取了相应的节能对策。

这样的发生源对策最初主要集中在传动噪声对策、结构噪声对策中，隔声对策主要考虑设置隔音墙，最初是直立型的隔音墙，之后依次开发并引入了干涉型隔音墙、分离型隔音墙、加高型隔音墙等以预防噪声。目前改善的中心转移到了气动噪声对策、节能对策上，正在推进伸缩型绝缘体改良、车辆前部改良、轻量化等车辆改造。

在推进实际噪声对策的过程中，要始终保持技术开发，同时发挥社会和政府部门的作用。

12.1.4　L_{Amax} 的变化

名古屋市自 1976 年以来针对沿线长约 18.9km 区间内的 60 个地点实施了定期(大致 5 年间隔)的新干线噪声和振动调查。图 12.3 显示的是市区的新干线路径及调查地点。另外，在 1967 年及 1972 年也实施了小规模的同样的调查[5]。

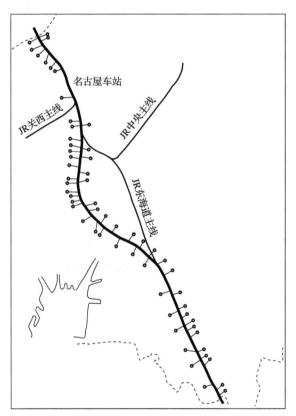

图 12.3　名古屋市区的新干线噪声和振动调查地点

图 12.4 是自 1965 年到 2010 年新干线噪声等级最大值(L_{Amax})的变化。距离轨道 25m 以内的地点，在 1972 年噪声等级的最大值约为 90dB，在 1995 年降低到 71~72dB。之后，由于实施了各种噪声降低对策，加上新干线的高速化，主要的噪声源由传动噪声、结构噪声、冲击噪声向气动噪声转移。

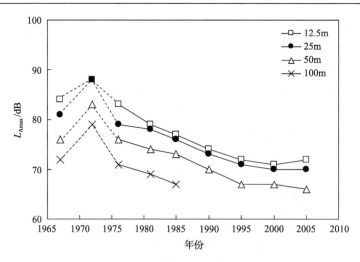

图 12.4 L_{Amax} 的变化

图 12.5 是新干线噪声的不同声源的变化情况。噪声等级的降低与列车的高速化呈现"一退一进"的态势，主要的噪声源逐渐趋于空气噪声[6]。

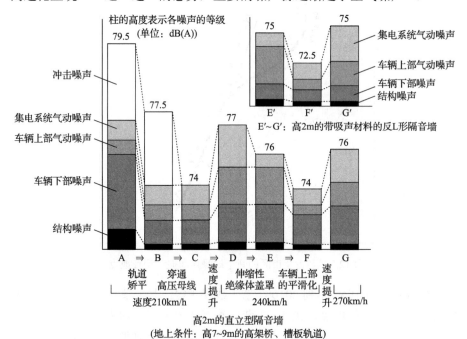

图 12.5 新干线噪声不同声源的变化情况(距离新干线 25m 的地点)[6]

　　为了进一步详细探讨噪声等级的变化，这里总结了各种轨道铺设场景下 L_{Amax} 的变化，如图 12.6 所示。由图可见铁路的噪声改善显著，1972 年的 L_{Amax} 达到 95dB，而到了 1995 年减小为 72dB，其间约改善了 25dB。填土、高架桥、混凝土桥等其他构造的噪声降低量大约为 10dB。1995 年，距离各构造 25m 的地方，噪声均达到了 70dB 左右，包含铁桥在内的噪声等级差几乎被消除了。

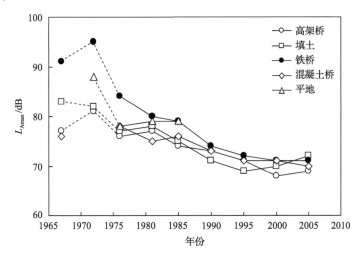

图 12.6　不同轨道铺设场景下 L_{Amax} 的变化（距离新干线 25m 的地点，
与 1976 年以前的评价方法不同）

12.1.5　环境标准的完成率

　　《新干线噪声相关的环境标准》发布后，名古屋市一直努力地推进市内铁路沿线地区的环境标准的完成。图 12.7 为不同距离轨道地区的环境标准完成率的变化。在标准制定初期（1976 年）沿线 50m 以内的完成率低于 20%。

　　之后，随着发生源对策的推进，1985 年完成率达到了 40%，1995 年达到了 80%，呈现逐渐上升的趋势。结果显示，二类地区（商工业地区）的标准值为 75dB，大致达到了标准。一类地区（居住型地区）的标准值为 70dB，大概还停留在 60% 完成率水平。随着以气动力噪声为中心的噪声降低对策的推进，对策带来的噪声降低及列车速度提升引起的噪声增加导致噪声出现反复的现象，环境标准完成率并没有完全改善。

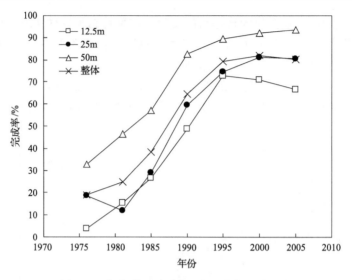

图 12.7　与轨道不同距离下的环境标准完成率

12.1.6　L_{Aeq} 的变化

本节从噪声与其他标准及规范的结合性、统一性评价观点，关注新干线噪声的等价噪声等级 L_{Aeq} 的变化。为此，将各年度的 L_{Amax}（图 12.4）、运行车辆数 N（图 12.1）、车速 V（200km/h）及列车长 l（16 节的 400m 编组车辆，12 节的 300m 编组车辆）代入下述公式，计算出 $L_{Aeq(6:00\sim24:00)}$，其结果如图 12.8

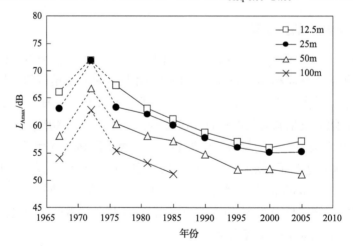

图 12.8　与轨道不同距离下的 L_{Amax}（与 1976 年以前的评价方法不同）

所示(按照不同的轨道距离显示)[7]。

$$L_{AE} \approx L_{Amax} + 10\lg(3.6 \times l/V) \tag{12.1}$$

$$\begin{aligned} L_{Aeq,T} &= L_{AE} + 10\lg(N/T) \\ &= L_{Amax} + 10\lg(3.6 \times l/V) + 10\lg(N/T) \end{aligned} \tag{12.2}$$

$$L_{Aeq(6:00 \sim 24:00)} = L_{Amax} + 10\lg(l \times N/V) - 10\lg(18 \times 3600/3.6) \tag{12.3}$$

计算出最初的(20 世纪 70 年代初)距离轨道 25m 以内地点的 L_{Aeq} 平均值为 72dB，参照图 12.6，可推测出铁路附近的 L_{Aeq} 值超过了 80dB。

然后逐年改善，在 1995 年时，上述 25m 处的 L_{Aeq} 值不论轨道构造如何，都已经下降到了 57dB 左右。如果以 L_{Aeq} 为标准来判断名古屋市内新干线沿线的噪声状况，可以发现一般地区环境噪声的标准值(白天)与老铁路线噪声的实际值范围很接近。

12.2　老铁路线噪声问题的变化

12.1 节针对新干线噪声的问题，在分析沿线居民与运营商及民间团体、政府关系的同时，对所采取的发生源对策及噪声等级的变化进行了说明。在此简单介绍老铁路线噪声的变化，针对名古屋市内拥有超过 10 条路线(老铁路线)的铁路，从每辆列车的运行状况开始，介绍车辆与轨道构造的各种不同点，对于各条路线的变化过程，在此仅作统一的大概说明[8]。

12.2.1　L_{Amax} 的变化

图 12.9 是名古屋市区老铁路线噪声调查地点图。针对调查对象地点，大约每间隔 1km 选择 90 个测量地点。对于每 5 年测量的噪声等级的最大值 L_{Amax}，根据与轨道的不同距离取平均值，结果如图 12.10 所示。

随着时间的推移，沿线的 L_{Amax} 逐渐下降。1977 年距离 12.5m 地点的 L_{Amax} 为 91dB，距离 25m 的地点为 85dB，在 1982 年时降低了 5dB，之后每次调查，都发现降低 1dB 左右，1997 年分别为 81dB、76dB，2007 年达到 78dB、74dB，30 年间下降超过 10dB。

图 12.9　名古屋市区老铁路线噪声调查地点图

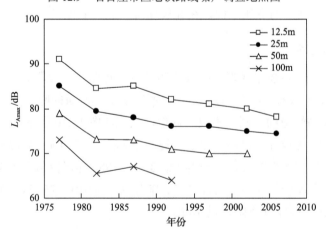

图 12.10　老铁路线 L_{Amax} 的变化(各调查地点不同距离的平均值)

图 12.11 为对轨道铺设场景进行分类后距离 25m 地点的 L_{Amax} 的变化。可见铁桥噪声等级最高，其次按照平地、填土、混凝土桥、高架桥及垂直挡土墙、隧道的顺序降低。

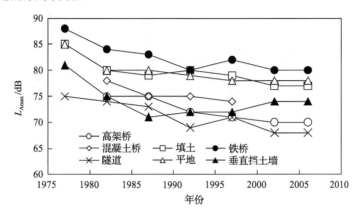

图 12.11　不同轨道构造的 L_{Amax} 的变化(25m 地点/老铁路线)

在 20 年间，各种场景下的 L_{Amax} 都大致降低了 5dB，与新干线相比，改善度较低。构造间未发现等级差的显著变化，各个年度铁桥及高架桥的等级差约有 10dB。在同样距离 25m 的地点，不管是新干线还是老铁路线，高架桥的 L_{Amax} 都大致相等，而铁桥、平坦、堆土等构造的新干线的 L_{Amax} 与老铁路线存在 5～10dB 的差。

在老铁路线 L_{Amax} 降低的背景下，要注意以下几个要素：

(1)高架桥建设(与道路的连续立体交叉化建设改变了平坦部分的高架桥构造)；

(2)长轨道化；

(3)新型车辆的引入；

(4)隔音墙的设置。

例如，伴随着高架桥建设的推进，各轨道铺设场景的比例，在 1977 年、1997 年、2007 年呈现出如图 12.12 所示的变化，噪声等级较高的平地部分的比例大幅减少(约 20%)，而噪声等级低的高架桥相应地增加。

另外，随着列车的提速，20 年间各铁路线列车运营速度平均约提升了 20km/h，且 1 天的运行车辆数整体约增加了 2 倍。老铁路线不断地推进列车提速及增强输送能力，这成为改善沿线道路声环境的障碍。

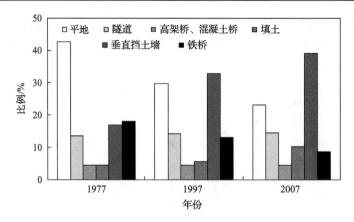

图 12.12　各轨道铺设场景的比例（老铁路线 1977 年、1997 年和 2007 年）

12.2.2　L_{Aeq} 的变化

前面针对老铁路线 30 年间噪声等级的变化情况，以 L_{Amax} 为基础进行了分析，在此结合 1 天中的列车通过辆数，计算等价噪声等级 L_{Aeq}，并计算出全线的平均值进行分析。

图 12.13 是名古屋市老铁路线 1977 年、1997 年、2007 年所有调查地点 L_{Aeq} 的不同距离的平均等级。与图 12.10 中的 L_{Amax} 相比，差约为 20dB。

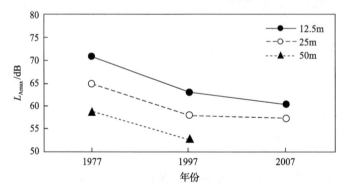

图 12.13　与老铁路线轨道的距离及 L_{Amax}

从图中可以看出，在此期间，市内老铁路线沿线的噪声等级约下降了 10dB。但是，这个改善主要是由连续立体化建设中对平坦部分实施高架改造带来的，且应该注意到这是距离地面 1.2m 处的结果。

12.3　展　　望

本章以名古屋市为例，列举了横跨约半个世纪的铁路噪声的变化情况。在实施各种预防对策后，声环境得到一定的改变，但只是降低了铁路噪声，还不能说完善，原因之一是仍在不断地强化铁路的运输能力(高速、大量输送)。目前正致力于开发与新型车辆对应的噪声预防技术，但是其成果主要在于列车车速的提升方面。

目前，超高速直线电机车经过试验，目前已经进入实用化阶段。磁悬浮型直线电机车由于没有传动噪声及振动，在老铁路线上按照 100km/h 左右速度行驶，对保护声环境是非常有利的，但随着速度的提高，气动噪声将增大，如何采取对策将成为一个新课题。

另外，本章未提到的城市内道路电车出现了新的动向。路面电车进入高度成长期以后，城市噪声等级逐渐下降，新开发的路面电车 LRT(轻轨运输)受到广泛关注。与以往的路面电车相比，其具有噪声和振动受到抑制且车底盘低、乘车方便(环境负荷小，方便高龄者等使用)的优点，应用前景看好。

参 考 文 献

[1] JR 東海, "会社概要"(2009).

[2] 名古屋新幹線公害訴訟原告団, "静かさを求めて 25 年・名古屋新幹線公害たたかいの記録"(1991).

[3] 環境省大気保全課, "新幹線鉄道騒音の 75 ホン対策達成状況について"(1998).

[4] 名古屋市, "新幹線鉄道騒音・振動対策推進調査環境庁委託業務結果報告書"(1988~2000).

[5] 名古屋市, "名古屋市の騒音新幹線鉄道騒音振動編"(1977~2005).

[6] 時田保夫監修, "音の環境と制御技術　第 2 巻(応用技術編)"(フジテクノシステム, 1999), pp.428-429.

[7] 久野和宏編, "騒音と日常生活"(技報堂出版, 2003), pp233-236.

[8] 名古屋市, "名古屋市の騒音(在来線鉄道騒音振動編)"(1987~2006).

第 13 章　航空设备噪声对策

自 1901 年莱特兄弟发明飞机以来，之后的 100 多年里飞机得到快速普及。虽然飞机是一种能够实现长距离短时间移动的极为便利的运输工具，但是在机场周边地区，飞机产生的噪声问题确实是不容忽视的社会问题之一。日本航空设备问题突出始于喷气式客机使用的 1960 年左右。本章回顾航空需求的扩大及机场周边声环境的变化，对 1960 年至 1975 年间所实施的各种环境保护政策措施及降噪技术进行说明。

13.1　旅客数与航空设备噪声的变化

13.1.1　航空设计使用人数的变化

航空旅客数的变化如图 13.1 所示[1]。日本国内线的旅客数呈现每年快速递增的趋势，从 1975 年的 2500 万人，到 2000 年已经达到了 9500 万人，这 25 年增加了近 3 倍。日本国际线旅客人数也从 1975 年的 300 万人上升到 2000 年的 1900 万人，增加了 5 倍以上。

假设每位旅客所引发的航空设备噪声能量没有变化，机场周围的噪声，国内线增加了 $5.8(\approx 10\lg(9500/2500))$ dB，国际线增加了 $8.0(\approx 10\lg(1900/300))$ dB。另外，旅客数在 2000 年达到了饱和，之后日本国内线、国际线大致维持在稳定的水平。

13.1.2　《航空设备噪声相关的环境标准》

1964 年日本正式引入喷气式飞机，是道格拉斯公司生产的 DC-8 飞机。随着航空设备的大型化与起降次数的增加，以及喷气发动机所特有的 4kHz 左右的纯声成分的"嗡嗡"声，机场周边航空设备噪声的影响逐渐增大。在这样的状况下，1973 年 12 月日本环境厅颁布了《航空设备噪声相关的环境标准》[2,3]。航空设备噪声的评价量与其测量方法及标准值如第 2 章所述。该

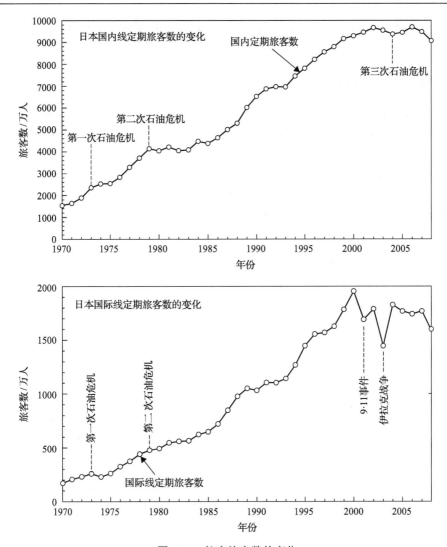

图 13.1　航空旅客数的变化

环境标准中对机场进行了划分，并制定了完成期限及改善目标。2000 年对标准进行修订，其中规定了新设的机场"立即"、新东京国际机场与大部分日本国内线(第二种机场)在"10 年以内"、国际线(第一种机场)在"超过 10 年的时间内尽可能快速地"完成目标；并且,改善目标为对于超过 85WECPNL 或 85dB 的地区，5 年内室内噪声控制在 65dB 以下"。这样的完成期限及改善目标，是结合噪声的实际状况及技术可实现性而制定的，是与实际相对应的。该内容自 1973 年以来未有修订，也说明还存在超过 85WECPNL 的环境恶劣的地区。

13.1.3 航空设备噪声的变化

为了监测航空设备噪声，把握环境标准的合理状况等，很多机场在周边设置了日常监测设备，并对 WECPNL 实施测量。这里以福冈机场及伊丹机场为例进行说明[4]。

1)福冈机场的情况

福冈机场航空设备起降次数的变化如图 13.2 所示。1984 年为 7 万次，之后呈逐渐增加的趋势，到 2001 年超过了 14 万次，后期大致维持在稳定的水平。

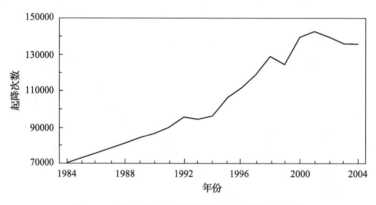

图 13.2　航空设备起降次数的变化(福冈机场)

图 13.3 是福冈机场距离滑行道南端 3km 处的仲岛与距离滑行道北段约 2km 的莒松(参照图 13.4)的监测结果。

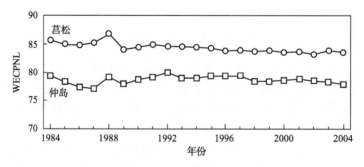

图 13.3　航空设备噪声暴露量的变化(福冈机场)

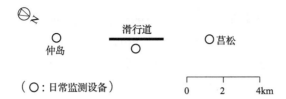

图 13.4　航空设备噪声日常监测设备与滑道的位置关系(福冈机场)

　　莒松自 1984 年到 1987 年维持在 85WECPNL 的水平，在 2000 年以后维持在 83～84WECPNL，虽然下降幅度很小，但总体趋势是逐渐下降的。仲岛从 1984～2004 年的 21 年，大致维持在 77～80WECPNL 的水平。其间，起降次数约增加了 2 倍，但是 WECPNL 并没有因此出现较大的变化。

　　2)伊丹机场的情况

　　图 13.5 为伊丹机场航空设备起降次数的变化。从 1980 年到 1993 年，大致维持在一定的水平，呈每年 13 万次左右的变化。但是由于关西国际机场的起用，伊丹机场的飞机起降次数急剧减少，到 1997 年已经减少到约 9 万次。之后又逐渐开始增加，到 2004 年恢复到关西国际机场开航以前的 13 万次的水平。

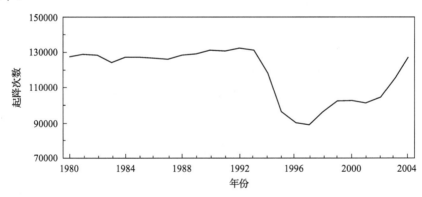

图 13.5　航空设备起降次数的变化(伊丹机场)

　　图 13.6 是在滑行道西北端向西方向约 2km 处的久代，滑行道东南端向东南方向约 4km 的飞行路线正下方的丰南，滑行道西北段向西南方向约 6km 处的武库东(参照图 13.7)的监测结果。

　　在 1975 年，久代的航空设备噪声暴露量约为 92～93WECPNL，丰南在 90WECPNL 左右，武库东在 84WECPNL 左右，大致维持在一定的水平，之后逐渐减小,关西国际机场开航后的 1995 年分别降低了 15～18WECPNL,分别达到了 76WECPNL、75WECPNL、66WECPNL。之后,虽然起降次数恢复到 1970 年的同等程度,但是噪声仍停留在 2WECPNL 左右的增加水平,与开航前相比,大致降低了 15WECPNL。

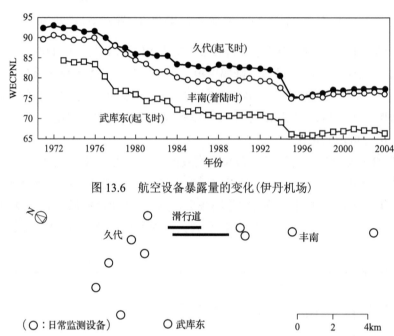

图 13.6 航空设备暴露量的变化(伊丹机场)

图 13.7 航空设备噪声日常监视局与滑道的位置关系(伊丹机场)

13.2 环境保护措施

如 13.1 节所述,航空设备的旅客数在 2000 年之前每年大幅增加,其间,机场周边的噪声大致维持在一定的水平或者根据机场的不同出现大幅的下降。这主要是环境保护过程中实施的行政政策措施及降噪技术的进步做出的贡献。

13.2.1 航空设备噪声的声源对策

1975 年《日本航空法》部分修订,加入了"航空设备噪声标准合理证明制度"。该制度是禁止超过一定标准的航空设备运行,并且分阶段地强化了相关限制。1975 年的标准适合 Annex16 的第二阶段。1978 年，进一步强化了标准(第三阶段)，1996 年根据《日本航空法》的规定对适航证制度进行了统一的一元化变更，到 2006 年新机型也进入了最新标准的限制行列(第四阶段)。其间，在 1987 年旧型高噪声设备受到限制，到 2002 年，第二阶段的机场跑道材料禁止在日本航空领域使用。

13.2.2　ICAO 的噪声证明

ICAO 为了对航空设备本身产生的噪声进行限制，制定了第二到第四阶段的标准。对如图 13.8 所示滑行道周边 A(起飞噪声)、B(侧面噪声)、C(着陆噪声)的 3 个评价点的噪声，作为航空设备的最大起飞重量指标，进行了限制[5]。图 13.9 中显示的是与第二阶段及第三阶段标准相对应的航空设备[6]。横轴表示航空设备的最大起飞质量，纵轴是噪声等级，该噪声等级为加权等价平均感觉噪声等级(weighted equivalent continuous perceived noise level，单位为 EPNdB)。并且，用第四阶段、第三阶段的噪声范围规定了 3 个评价点的累计噪声范围在 10EPNdB 以上等。这种噪声证明的标准强化，促进了航空设备产生的噪声降低对策的实施，为降低机场附近的噪声暴露量做出了巨大的贡献。

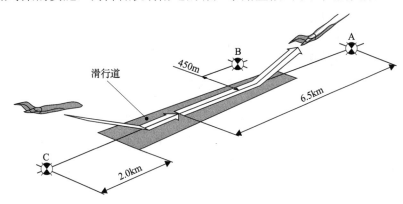

图 13.8　ICAO 的噪声证明的评价点

⊗指的是噪声测量位置，A 测量起飞噪声，B 测量侧面噪声，C 测量着陆噪声

图 13.10 是 1960～2000 年喷气式客机起降噪声的变化[7]。初期的喷气式客机中，道格拉斯公司的 DC-8 与波音公司的 B-707 适用于第二阶段的航空设备噪声降低了 10dB，适用于第三阶段的航空设备噪声降低了 15dB，并且新型机场跑道材料减少了 20dB 左右的噪声。

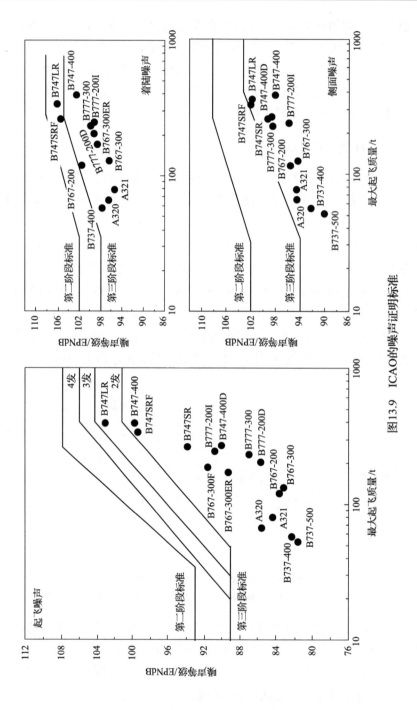

图13.9　ICAO的噪声证明标准

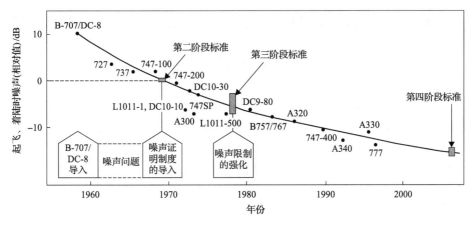

图 13.10　喷气式客机起降噪声的变化

13.2.3　机场周边的环境建设

日本在 1967 年制定了《关于防止公共机场周边的航空设备噪声带来的损害相关的法律》（以下简称为《航空设备噪声预防法》），帮助学校和医院等需要安静的公共设施进行隔声施工，对公民活动中心和学习设施等公共设施的改造提供援助，并形成相应的制度以在受航空设备噪声影响显著的地区居民外迁时进行补偿。

随后《航空设备噪声预防法》根据 1973 年的环境标准中设定的完成目标及完成期限，于 1974 年进行了修订，引入新的预防住宅噪声施工及建造缓冲绿化带等制度。

该法律中，指定 14 个噪声影响较大的机场作为日本特定机场，包括函馆机场、仙台国际机场、东京国际机场、新潟机场、名古屋机场、大阪国际机场、松山机场、高知机场、福冈机场、熊本机场、大分机场、宫崎机场、鹿儿岛机场、那霸机场。

根据该法律，开展了如下所述的机场周边环境建设工作。

（1）教育设施等防噪工程：援助教育设施及医疗设施的防噪工程，以超过15 年的空调设备为对象，实施更新。

（2）建造公共设施：对课外学习、养老、疗养、集会等设施及公民活动中心的建造提供援助。

（3）住宅防噪工程：对住宅的防噪施工提供援助，以超过 10 年的空调设备为对象，实施更新。

（4）周边环境基础设施建造：为利用拆迁旧址建造公园等项目提供无偿贷款及建设费用补偿。

（5）拆迁补偿：土地的购买及建筑物的拆迁补偿。

（6）缓冲绿化带等的建造：拆迁旧址建造绿化带等。

（7）电视信号接收影响对策及补偿措施：对于电视信号受到电波干扰的情况，对用户进行补贴，作为日本放送协会（NHK）信号接收费用发放。

图 13.11 是用于民间机场环境建设中费用的累计值变化[8]。以 1973 年的环境标准公告为契机，制定了 10 年的庞大预算，用于住宅防噪施工及住宅拆迁。在 2001 年累计费用已经达到了 1.3 万亿日元，目前仍在增加。

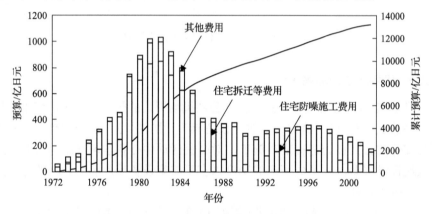

图 13.11　民间机场的环境对策费用的累计值变化

13.3　航空设备降噪对策

本节针对航空设备的发动机噪声对策及航运方式进行说明。

13.3.1　发动机噪声对策

航空设备的噪声源中，虽然着陆时襟翼等产生的机体气动噪声无法忽视，但是主要的噪声源还是发动机。

喷气发动机产生的噪声比一般的涵道比较大的发动机产生的噪声要小。涵道比是指在吸入发动机的空气中用于燃料燃烧的空气量与受到风扇压缩而向外侧排出的空气量之比。DC-8 等第一代喷气发动机的涵道比约为 1.5，喷气排气流的噪声非常大，因此为了增大涵道比，发明了涡轮风扇，使得 B-767

等第 4 代飞机的涵道比达到了 5 左右，大幅度降低了排气声。其他风扇声、压缩机声、涡轮机声等噪声降低对策也是非常重要的。

图 13.12 显示的是 20 世纪 60 年代作为主力的涡轮喷气发动机产生的噪声与 20 世纪 90 年代以后的涡轮风扇发动机产生的噪声(排气声)的对比，可以看出噪声大幅度降低。

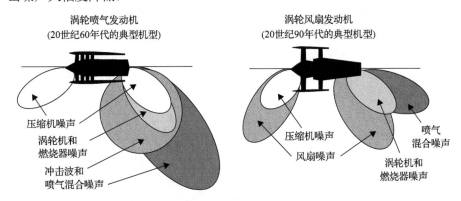

图 13.12 涡轮喷气发动机与涡轮风扇发动机噪声源的比较

13.3.2 航运方式导致噪声的降低

为了降低机场周边居民的噪声暴露量，在采取以上航空设备产生的噪声发生源对策的同时，改善航空设备航运方式也是一个非常重要的对策。

(1)跑道优先法：尽可能在无居民住宅或居民住宅较少跑道的一端或一侧起降。另外，一侧面向大海对降低噪声是非常有效的。

(2)飞行路径优先法：通过旋回等避开居民住宅进行飞行的方式。

(3)急速上升方式：采用高达 1000m 左右的持续急速上升。

(4)急转方式：在起飞途中，通过居住区时，控制发动机推力以抑制噪声，待通过居民区后再提高发动机推力使飞机上升。

(5)延迟摆动进入方式：着陆时尽可能延迟机翼放下的操作，抑制发动机推力，降低噪声。

(6)低襟翼摆角着陆方式：着陆时尽可能减小襟翼摆角，抑制发动机推力，降低噪声。

可根据机场独特的周边状况，采用合适的航运方式。

13.4 展　望

2000 年前航空设备的使用剧增，随后逐渐达到了饱和状态，机场周边的航空设备噪声也呈现出维持或减少的趋势。这说明针对航空设备噪声采取的上述各种措施及降噪技术是非常有效的，今后也将继续从硬件和软件两个方面进一步实施相应的对策。

ICAO 除了 13.3 节所述的噪声发生源对策及降低噪声的航运方式对策之外，还根据土地使用规划和管理以及深夜的起降控制等，寻求噪声与环境的平衡(平衡方法)。

对于土地使用的问题，陆续开通的关西国际机场、中部国际机场、神户机场受到了广泛的关注。图 13.13 是建设于伊势湾冲合拥有长 3120m 滑道的中部国际机场的周边地图[9]。这是海上机场，远离人们居住的地区。日常监测靠近飞行路径的 4 个场所(图中的白圈)，并对 10 个地点(图中的 10 个黑圈)在夏季及冬季分别实施为期 1 周的定期监测,得到的 WECPNL 值为 45～65dB,结果大大超过环境标准。

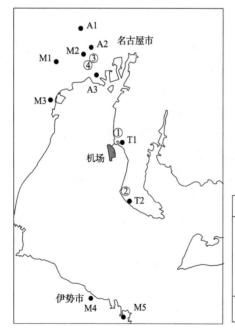

图例			
机场噪声监测地点	①~④	日常监测	4个
	●	定期监测	10个
	合计		14个
低频声监测地点	①~④		4个

图 13.13　中部国际机场周边地图

参 考 文 献

[1] （財）日本航空機開発協会, "平成 21 年度版　民間航空機関連データ集", pp.I-5,I-6 (2010).

[2] 吉岡序, "航空機騒音", 騒音制御 20(4), pp.36-39(1996).

[3] 奥山広, "航空機及び新幹線鉄道騒音対策に関する法令等", 騒音制御 25(2), pp.97-100 (2001).

[4] 社団法人日本騒音制御工学会, "航空機騒音に関する評価方法検討業務報告書", pp.17-22 (2006).

[5] （社）日本航空宇宙工業会, "工業会活動 CAEP8 に参加して", 航空と宇宙, 2010 年 4 月号, pp.20-26 (2010).

[6] 全日本空輸株式会社, "環境白書 2005 年版", p.32(2006).

[7] 日本航空宇宙学会, "第 3 版航空宇宙工学便覧"（丸善, 2005）, p.787.

[8] 山田一郎, "小特集－交通騒音問題への取り組み－環境騒音としての航空機騒音の問題への取り組み", 日本音響学会誌 66(11), pp.565-570 (2010).

[9] 中部国際空港セントレア航空機騒音監視地点位置図, http://www.centrair.jp/ICSFiles/afieldfile/2007/03/28/1904titenzu.pdf.